"十三五"普通高等教育本科规划教材

输电线路工程系列教材

输电工程施工运维检修实训

主编 祝 贺 王 娜

编写 肖 琦 龚 靖 孔 伟

白俊峰 王德弘 王新颖

主审 徐建源

U0251310

中国电力出版社

CHINA ELECTRIC POWER PRESS

内 容 提 要

本书为"十三五"普通高等教育本科规划教材，是全面介绍输电工程施工运维和检修实训的指导性教材。本书共分四章，主要包括安全作业、常用工器具及其使用、输电线路施工实训项目、输电线路检修实训项目等内容。

本书可作为普通高等学校输电线路专业学生及相关技术人员的指导教材，也可供教学人员、自学人员使用。

图书在版编目（CIP）数据

输电工程施工运维检修实训/祝贺，王娜主编. —北京：中国电力出版社，2017.1

"十三五"普通高等教育本科规划教材　输电线路工程系列教材

ISBN 978 - 7 - 5198 - 0039 - 0

Ⅰ.①输… Ⅱ.①祝… ②王… Ⅲ.①输电—电力工程—工程施工—检修—技术培训—高等学校—教材 Ⅳ.①TM7

中国版本图书馆 CIP 数据核字（2016）第 277919 号

中国电力出版社出版、发行

（北京市东城区北京站西街 19 号　100005　http：//www.cepp.sgcc.com.cn）

北京雁林吉兆印刷有限公司印刷

各地新华书店经售

＊

2017 年 1 月第一版　2017 年 1 月北京第一次印刷

787 毫米×1092 毫米　16 开本　10.75 印张　259 千字

定价 30.00 元

敬 告 读 者

本书封底贴有防伪标签，刮开涂层可查询真伪

本书如有印装质量问题，我社发行部负责退换

前　　言

　　输电线路施工运行与检修实训用于培养高等院校输电线路专业学生的技术、理论水平和实际操作能力。为了适应电力企业的安全生产、电网的可靠运行，提高检修和运行质量，编者依据东北电力大学输电线路实训教学计划、教学大纲，结合电力公司生产实际情况，参照《国家职业技能鉴定指导书》的要求，编写了本书，供高等院校输电线路专业学生及相关技术人员学习和使用。该套教材按照电网主要生产岗位的能力素质模型和岗位任职资格标准，实施基于岗位能力的模块培训，提高培训教学的针对性和可操作性，培养具有良好职业素质和熟练操作技能、快速适应岗位要求的中级技能人才。

　　本书共分四章，除简要介绍了架空输配电线路工程作业中必备的安全作业知识和线路作业人员常用工器具的使用方法外，重点介绍了如何运用这些工器具完成一系列输电线路施工实训和检修实训项目任务。

　　本书从输电线路实训和实际教学中常遇到的问题出发，较全面系统地介绍输电线路施工、运行与检修中常见的作业方法和技术要求，主要内容包括基础施工、杆塔组立、架线施工、接地装置施工、架空线路的运行与检修等。

　　本书力求做到针对性强、适用性强、可操作性强，适合作为高等院校输电线路专业的学生和高校输电线路专业实训教师的指导教材。本书内容叙述力求深入浅出、通俗易懂，结合实际给出部分实训作业实例，培养学生分析问题和实际解决问题的能力。通过本书的学习，能够掌握输电线路施工、运行、检修的基本理论知识和实际操作技能，达到国家职业技能鉴定技术等级考核标准。

　　本书由祝贺、王娜主编，肖琦、龚靖、孔伟、白俊峰、王德弘、王新颖参与编写，由徐建源主审。

　　由于本书编写时间仓促，作者水平有限，难免有不当之处，敬请广大读者批评指正。

目　录

第一章 安全作业

第一节 高处作业

输配电线路根据其结构的不同，可分为架空输配电线路和电缆线路，其中架空输配电线路占绝大部分。在架空输配电线路施工、运行及检修工程作业中，因其结构的原因，常需要攀爬到离地面一定高度的位置展开作业。在架空输配电线路工程作业现场，借助于脚扣、三角板（踩板）等登高工具或爬梯、脚钉等登高设施，工作人员攀爬到高处作业点展开作业称为高处作业，也称登高作业。本书中的作业对象均为架空输配电线路，以下简称输配电线路。

一、高处作业相关基本概念

1. 高处作业

凡在坠落高度基准面 2m 以上（含 2m）、有可能坠落的高处进行的作业，均称为高处作业。高处作业分为一般高处作业和特殊高处作业两种。特殊高处作业包括强风高处作业、高温高处作业、雪天高处作业、雨天高处作业、夜间高处作业、带电高处作业、悬空高处作业和抢救高处作业。

2. 坠落高度基准面

通过可能坠落范围内最低处的水平面称为坠落高度基准面。

3. 可能坠落范围

以作业位置为中心，以可能坠落范围半径为半径划成的与水平面垂直的柱形空间，称为可能坠落范围。

4. 可能坠落范围半径

为确定可能坠落范围而规定的，相对于作业位置的一段水平距离称为可能坠落范围半径。其大小取决于与作业现场的地形、地势或建筑物分布等有关的基础高度。

5. 基础高度

以作业位置为中心、6m 为半径，划出一个垂直于水平面的柱形空间，此柱形空间内最低处与作业位置间的高度差称为基础高度。

6. 高处作业高度

作业区各作业位置至相应坠落高度基准面的垂直距离的最大值，称为该作业区的高处作业高度，简称作业高度。

二、高处作业分级

1. 高处作业的级别和可能坠落范围半径

一级高处作业：作业高度为 2～5m，可能坠落范围半径为 3m。

二级高处作业：作业高度为 5～15m，可能坠落范围半径为 4m。

三级高处作业：作业高度为 15～30m，可能坠落范围半径为 5m。

四级高处作业：作业高度在 30m 以上，可能坠落范围半径为 6m。

2. 直接引起坠落的客观危险因素

（1）阵风风力六级（风速 10.8m/s）以上。

（2）GB/T 4200—2008《高温作业分级》规定的Ⅱ级以上的高温条件。

（3）气温低于 10℃的室外环境。

（4）场地有冰、雪、霜、水、油等易滑物。

（5）自然光线不足，能见度差。

（6）接近或接触危险电压带电体。

（7）摆动，立足处不是平面或只有很小的平面，致使作业者无法维持正常姿势。

（8）抢救突然发生的各种灾害事故。

为了高处作业安全，要求现场的生产条件和安全设施等应符合有关标准、规范的要求。工作人员的劳动防护用品应合格、齐备。现场使用的安全工器具应合格并符合有关要求。

三、对高处作业人员的基本要求

1. 高处作业人员的身体要求

经医师鉴定，无妨碍工作的病症。患有高血压、心脏病、恐高症、严重贫血、癫痫病以及其他不宜从事高处作业的病症人员，不得从事高处作业。高处作业人员应每年进行一次体检。

2. 高处作业人员的知识技能要求

高处作业人员具备必要的电气知识和业务技能，取得政府颁发的"高处作业（登高架设作业）特种作业操作证"。

3. 高处作业人员的安全教育

（1）高处作业人员必须经过三级安全教育，并具备必要的安全生产知识，学会紧急救护法，特别要学会触电急救。三级安全教育是指新入厂（企业）职员、工人的厂级安全教育，车间级安全教育和岗位（工段、班组）安全教育，它是厂矿企业安全生产教育制度的基本形式。

（2）高处作业人员必须系好安全带、穿软底鞋、戴安全帽，工作前严禁饮酒。

（3）高处作业所用的工具和材料应放在工具袋内，或用绳索绑牢；上下传递物件应用绳索拴牢传递，严禁上下抛掷。严禁携带器材攀登杆塔或在杆塔上移位。本书中钢筋混凝土电杆、铁塔、钢管塔等统称杆塔。

（4）严禁利用绳索或拉线上下杆塔或顺杆滑下。

（5）在带电体附近进行作业时，与带电体的最小安全距离必须符合表 1-1 的规定。遇特殊情况达不到该要求时，必须采取可靠的安全技术措施，经总工程师批准后方可施工。

表 1-1　　　　　　　　　　高处作业与带电体的最小安全距离

带电体的电压等级（kV）	≤10	35	63～110	220	330	500
工具、安装构件、导线、地线与带电体的距离（m）	2.0	3.5	4.0	5.0	6.0	7.0
作业人员的活动换位与带电体的距离（m）	1.7	2.0	2.5	4.0	5.0	6.0
整体组立杆塔与带电体的距离（m）	应大于倒杆距离					

注　倒杆距离是指自杆塔边缘到带电体的最近侧的最小安全距离。

四、高处作业的准备工作

1. 气候条件

杆（塔）上作业应在良好的天气条件下进行，在工作中遇见 6 级及以上大风以及雷暴雨、冰雹、大雾等恶劣天气时，应停止工作。

2. 杆塔的检查

上杆作业前，应先检查杆塔的基础、杆塔身和拉线是否部件齐全且牢固。新组立杆塔在杆塔基础未完全牢固或做好临时拉线前，严禁攀登。

3. 登高工具和设施的检查

登杆塔前，应先检查登高工具和设施，如脚扣、升降板、安全带、爬梯和脚钉、防坠装置等是否完整、牢固。

4. 安全带的检查

高处作业时，安全带（绳）应挂在牢固的构件上或专为挂安全带用的钢架或钢丝绳上，并不得低挂高用，禁止系挂在移动或不牢固的物件上，如避雷器、断线器（开关）、互感器等。系好安全带（绳）后应检查扣环是否牢固。

5. 作业现场安全措施

在高处作业现场，工作人员不得站在作业处的垂直下方，可能坠落范围内不得有无关人员通行或逗留。在行人道口或人口密集区从事高处作业时，工作点下方应设围栏或采取其他保护措施。

五、高处作业的预控措施

由于高处作业的技术性和危险性，在实际操作过程中必须采取可靠的预控措施，以保护作业人员的安全。详细的高处作业预控措施见表 1-2。

表 1-2　　　　　　　　　　　高处作业预控措施表

序号	作业内容	危险点	危险因素	预 控 措 施
1	高 处作业	杆根、拉线、脚扣、脚钉、爬梯、安全带、保护绳、防坠器	1. 高处坠物 2. 坠物伤人	（1）登杆塔前，应戴好安全帽，检查杆根、拉线、脚钉、爬梯是否完整、牢固。 （2）在距地面 0.5m 处对脚扣进行冲击试验，检查脚扣的强度。 （3）攀登杆塔过程中，手应抓住主材，脚应踩脚钉。 （4）安全带和保护绳应分挂在杆塔不同部位的牢固构件上，不得低挂高用。 （5）系安全带（绳）后应检查扣环是否扣牢，应防止安全带从杆顶脱出或被锋利物割伤。 （6）脚扣表面有裂纹、防滑衬层破裂、脚套带不完整或有伤痕严禁使用。 （7）人员转位时，手扶的构件应牢固，且不得失去后备保护绳的保护。 （8）使用防坠器时，应检验其有效性。 （9）传递工具材料必须使用绳索，携带、使用的工具材料应有防坠落措施

序号	作业内容	危险点	危险因素	预控措施
2	雨、雾天高处作业	脚扣、脚钉、爬梯	1. 误登杆塔 2. 登高工具粘泥水造成滑落 3. 工具潮湿造成放电 4. 未保证足够的安全距离	(1) 攀登杆塔前必须检查线路杆塔标志，防止误登杆塔。 (2) 攀登杆塔前，应戴好安全帽，穿好雨衣、雨裤。 (3) 攀登杆塔前，应将绝缘鞋上的泥水清理干净，必要时可用毛巾擦干绝缘鞋。 (4) 攀登杆塔前，检查杆塔表面是否结霜，如有结霜，必须采取除霜措施。 (5) 雨、雾天攀登杆塔及移位过程中，应适当提高与带电体的安全距离
3	冰雪天高处作业	脚扣、脚钉、爬梯	1. 冻伤 2. 结冰造成滑落	(1) 攀登杆塔前，应有足够的保暖措施，防止冻伤。 (2) 攀登杆塔前，应配备草袋或毛巾将绝缘鞋清理干净。 (3) 攀登杆塔前，检查杆塔构件表面是否结冰，如有结冰，必须采取除冰措施
4	大风天高处作业	脚扣、脚钉、爬梯	1. 坠落 2. 感应电伤人 3. 异物伤人	(1) 五级以上风力，双回或多回同塔架设线路不得进行高处作业；六级以上风力，单回线路不得进行高处作业。 (2) 在有风天气攀登杆塔应穿屏蔽服或静电防护服、导电鞋。 (3) 攀登杆塔前，应戴好安全帽、防风镜，检查杆塔上附属物是否牢固。 (4) 攀登杆塔过程中，应面向下风侧攀登。 (5) 携带绳索攀登杆塔时，应注意控制绳索的摆动幅度，防止钩挂及安全距离不足
5	同塔多(双)回路作业	脚扣、脚钉、爬梯线路双重标志	1. 误登带电侧 2. 触电 3. 感应电伤人	(1) 工作前，工作负责人应向工作班成员交代停电、带电部位和现场安全措施。 (2) 设专人监护。 (3) 作业人员登杆塔前，要确认停电线路名称、杆号是否相符，佩戴色标应与现场色标相同。 (4) 在杆塔上工作时，严禁进入带电侧的横担或在该侧放置物件。 (5) 严禁在有同杆塔架设的 10kV 及以下线路带电情况下，进行另一回线路的停电检修工作。 (6) 停电检修的线路如在另一条带电线路（35kV 及以上）上工作，应采取安全可靠的措施。 (7) 导线上作业人员应使用个人保安线

序号	作业内容	危险点	危险因素	预 控 措 施
6	安 全 工 器具	安全带（绳）锁扣、安全帽颏带、验电器指示、接地线连接点	1. 高处坠物 2. 坠物伤人 3. 触电	（1）必须使用正规厂家的合格产品。 （2）按周期进行试验，定期淘汰，应有良好的存放场所。 （3）安全帽使用时，应将下颏带系好，帽壳破损、缺少帽衬、缺少下颏带等严禁使用。 （4）验电器使用前必须进行自检，指示灯不亮或无音响等严禁使用。 （5）接地线、个人保安线出现断股、螺栓松动、夹板损坏、挂钩损坏时不得继续使用。 （6）绝缘手套使用前应进行检查。 （7）系安全带（绳）时必须确认锁扣扣在环内，必须根据作业范围调整安全带及后备保护绳的长度，防止保护失效
7	绝缘工器具	工器具受潮、绝缘降低、绳索受损、使用不当、超期使用、运输/保管不当、超载使用	1. 身体碰伤 2. 高处坠落 3. 触电 4. 感应电伤人	（1）必须使用正规厂家的合格产品。 （2）绝缘工器具应存放在通风良好、清洁干燥的专用库房内，并由专人保管。 （3）应按周期，由具有相应资质的单位进行电气试验及机械试验，并附合格证。试验后不合格的工具必须及时淘汰。 （4）绝缘工器具在储存、运输时不得与酸、碱、油类和化学药品接触。 （5）运输绝缘工器具时应采取有效的保护措施，防止受潮、受污、损伤。 （6）使用前应进行外观检查，并使用专用仪器测量绝缘性能，合格后方能使用。 （7）使用的绝缘工器具必须与设备电压等级相符，使用时作业人员应注意不得小于绝缘有效长度。 （8）严格按照说明书或作业指导书的程序使用，满足负荷（负载）的要求
8	起重工器具	绳索磨损、断股，制动失灵，丝杠类工具螺纹磨损、超行程使用，超载使用	1. 沿面放电 2. 绝缘击穿	（1）操作人员持证上岗，按照规定使用。 （2）由专人保养维护，定期检查、试验，并按铭牌额定范围使用。 （3）有牙口、刃口及转动部分机具，应装设保护罩或遮栏。 （4）机具的各种监测仪表以及制动器（刹车）、限制器、安全阀、闭锁机构等安全装置必须齐全、完好。 （5）机具在运行中不得进行检修或调整。 （6）使用动力工具工作中断时，应停机。 （7）牵引工具进出口与邻塔悬挂点的高差角度及与线路中心的夹角满足要求。

序号	作业内容	危险点	危险因素	预 控 措 施
8	起重工器具	绳索磨损、断股，制动失灵，丝杠类工具螺纹磨损、超行程使用，超载使用	1. 沿面放电 2. 绝缘击穿	(8) 使用前对牵引工具设置的布置、锚固、接地装置及机械系统进行全面检查，并做空载运转试验。 (9) 牵引工具严禁超速、超载及带故障运行；应放置平稳，并可靠接地；锚固钢丝绳不得用棕绳或铁丝代替；缠绕不得少于 5 圈。 (10) 绞磨拉尾绳不少于 2 人，不得站在绳圈内；受力时，不得采用松尾绳的方法卸荷。 (11) 钢丝绳按报废标准报废；插接的绳套，其插接方法、配合比及长度符合要求。 (12) 用于起吊或绑扎的绳索必须有防止磨损、磨（切）断的措施。 (13) 绳卡规格与钢丝绳按标准配合，不得混用，绳卡个数一般不得少于 3 只。 (14) 卸扣（俗称工具 U 形环）的螺杆必须紧固到位。 (15) 双钩及丝杠不得超行程使用。 (16) 葫芦使用前应检查吊钩、链条、转动及制动装置，中途出现故障时，必须转移荷载后方可替代修理。 (17) 网套牵线使用时，导线穿入连接网套应到位，网套夹持导线的长度不得少于导线直径的 30 倍。网套末端应以细铁丝绑扎，不少于 20 圈。 (18) 卡线器规格、材质应与线材的规格、材质相匹配，卡线器有裂纹、弯曲、轴不灵活或钳口斜纹磨平等缺陷时，应予以报废。 (19) 金属地锚出现严重腐蚀、板身变形，木质地锚出现腐烂时不得使用，且不得超载使用。 (20) 临时地锚不能作为永久地锚使用。 (21) 铁棒桩出现裂缝、桩体严重弯曲者不得使用；不能作为牵引地锚使用。 (22) 地锚的分布和埋设深度，应根据其作用和现场的土质设置。 (23) 所有起重工具带荷载停留较长时间或过夜时，应采取后备保护措施
9	排、焊混凝土杆	混凝土杆滚动、气瓶爆炸、漏电、电弧	人身伤害	(1) 排杆时，应平整地形，杆段掩牢，滚动杆段前方不得有人。 (2) 作业点周围 5m 内不得有易燃易爆物。 (3) 两端封闭的混凝土杆，应先在一端凿排气孔。 (4) 气瓶严禁烈日曝晒，乙炔气瓶应有固定措施，严禁卧放使用；气瓶装专用减压器，不同气体的减压器严禁换用或替用；瓶阀、乙炔管冻结时，严禁用火烘烤。 (5) 焊接时，氧气瓶与乙炔气瓶的距离应大于 5m，气瓶距明火大于 10m；气瓶内的气体不得用尽。

序号	作业内容	危险点	危险因素	预 控 措 施
9	排、焊混凝土杆	混凝土杆滚动、气瓶爆炸、漏电、电弧	人身伤害	（6）氧气软管与乙炔软管严禁混用；软管不得横跨道路或遭重物挤压；软管产生鼓包、裂纹、漏气等现象应切除或更换，不得采用包缠等方法处理。 （7）采用电焊焊接时，应防止漏电、电弧伤人。 （8）工作结束后，应确认无火灾隐患
10	混凝土杆组立	指挥失误、混凝土杆倾倒	碰伤、砸伤	（1）组立现场必须设专人统一指挥，信号明确。 （2）利用抱杆起吊混凝土杆时，起吊工具、抱杆的强度和刚度必须满足起吊重量要求，抱杆底座必须采取防沉措施。 （3）混凝土杆的临时拉线应使用钢丝绳，地锚必须可靠，临时拉线做好之前不得登杆。 （4）立杆时，主牵引地锚中心、抱杆顶、混凝土杆结构中心、制动地锚中心必须在一条直线上。 （5）混凝土杆吊离地面0.8m左右时应暂停起吊，检查各部位受力是否正常、制动装置是否有效。 （6）起吊过程中，杆坑内、受力钢丝绳内侧、杆高1.2倍范围内不得有人。 （7）使用吊车组立混凝土杆时，吊车应将支腿支在枕木（板）上，枕木应放置在坚实的地面上，不得以轮胎代替支架；起吊重量及起重臂长度、角度满足铭牌规定；吊挂钢丝绳间夹角不得大于120°；起吊绳应采取可靠的防滑动措施，混凝土杆和起重臂旋转范围内严禁有人
11	铁塔组立	抱杆倾倒、塔材跌落	碰伤、砸伤	（1）组立现场必须设专人统一指挥，信号明确。 （2）组装时，禁止用手指伸入螺孔内找正，成堆角钢中选料不得抽拉。 （3）起吊工具、抱杆的强度和刚度必须满足起吊重量要求。 （4）用悬浮内拉线抱杆，拉线应绑扎在主材节点下方，承托绳应绑扎在节点上方紧靠节点处采取防切割措施；提升抱杆时应使用两道腰环，且在起吊塔材时腰环应全部松开，防止将抱杆折断。 （5）杯型塔曲臂采用分段组装时，应用钢丝绳和双钩拉紧。 （6）在塔片起吊过程中，塔上作业人员应站在塔身内侧安全位置，吊件下方不得有人
12	钢管杆组立	无证上岗，工具、机械使用不当	倾覆、翻车伤人	（1）钢管杆一般采用吊车组立，组立现场必须设专人统一指挥，信号明确。 （2）吊车司机必须持证上岗。 （3）插入式钢管杆应采用分段组立方式进行。

序号	作业内容	危险点	危险因素	预 控 措 施
12	钢管杆组立	无证上岗，工具、机械使用不当	倾覆、翻车伤人	（4）吊车应将支腿支在枕木（板）上，枕木应放置在坚实的地面上，不得以轮胎代替支架；起吊重量及起重臂长度、角度按照铭牌规定；吊挂钢丝绳间夹角不得大于120°。 （5）起吊绳应采取可靠的防滑动措施，钢管杆和起重臂旋转范围内严禁站人。 （6）吊件吊离地面0.1m时应暂停起吊，检查各部位受力是否正常、制动装置是否有效。 （7）吊车速度均匀、平稳，不得突然起落。 （8）吊车严禁越过电力线作业，吊车在电力线下方或临近处作业时，必须采取可靠措施，由专人监护，防止触电
13	跨越架搭设	倒架、安全距离不足	摔伤、触电、线路故障	（1）组立、拆除跨越架时，人员、材料必须与带电体保持足够的安全距离，由专人监护；组立的跨越架与带电体的安全距离必须满足运行线路的风偏要求；跨越架的拉线与运行线路保持足够的安全距离；跨越架的封网必须采用绝缘材料，使用前应测试其绝缘性能是否良好。 （2）跨越架搭设宽度必须大于架设线路的风偏范围。 （3）跨越架必须采取防风措施，主柱埋深不得小于0.5m，支杆要埋入地面以下，绑扎用的铁线必须符合要求。 （4）采用吊车组立跨越架时，应严格控制起重臂的转动范围，防止对运行线路放电。 （5）跨越架必须设置警告标志。 （6）采用跨越网跨越带电线路时，必须使用绝缘材料，并留有一定的安全裕度
14	挂滑车	绳套断裂、起吊工具过载	坠物伤人、高处坠落	（1）绳套选用合适，安装位置正确，有防止割伤的措施。 （2）起吊500kV及以上线路整串瓷绝缘子或玻璃绝缘子与滑车时，应使用绞磨。 （3）起吊前，检查绝缘子的弹簧销子是否齐全、有效。 （4）工具、材料应用绳索传递，不得携带登塔。 （5）使用前应检查放线滑车是否灵活可靠，挂钩必须封口。 （6）起吊时杆下人员应戴安全帽，不得站在横担正下方

序号	作业内容	危险点	危险因素	预 控 措 施
15	人力及机械牵引放线	牵引绳、导地线弹跳、倒架、掉线	扎伤、摔伤、触电、击伤	（1）放线时必须统一指挥，保证通信畅通。 （2）展放导地线时，各跨越处必须设专人监护，防止牵引绳、导地线钩挂、伤人等。 （3）每基杆塔必须设专人监护，发现牵引绳、导地线掉出轮槽、压接管通过滑轮时卡住，应立即汇报现场指挥。 （4）在其他线路下方展放牵引绳、导地线时，应采取防止上弹的措施。 （5）展放牵引绳、导地线时，人员要防止被树桩、竹桩扎伤、刺伤，过沟时防止摔伤。 （6）放线过程中，人员不得骑跨牵引绳、导地线，牵引绳、导地线的下方、内侧不得有人。 （7）牵引绳、导地线出现钩挂时，排障人员要站在被挂角度的外侧，不得直接用手去拉，防止碰伤或带到高处坠落
16	张力放线	工具、机械使用不当，指挥、配合不当	跑线伤人、触电、击伤	（1）放线时必须统一指挥，保证通信畅通。 （2）牵引设备及张力设备的锚固必须可靠，要经常检查地锚情况；手扳葫芦用于锚线时必须予以封固。 （3）牵引机和张力机必须可靠接地，牵引绳和导地线上应装设接地滑车，操作台上的操作人员应站在绝缘板上，保持绝缘良好。 （4）展放导引绳时，各跨越处必须设专人监护，防止导引绳钩挂、伤人等。 （5）每基杆塔必须设专人监护，发现导引绳、导地线掉出轮槽，应立即汇报现场指挥。 （6）穿越其他线路时，应采取防止上弹的措施。 （7）展放导引绳时，人员要防止被树桩、竹桩扎伤、刺伤，过沟时防止摔伤。 （8）放线过程中人员不得骑跨导引绳，导引绳内侧不得有人。 （9）导引绳出现钩挂时，排障人员要站在被挂角度的外侧，不得直接用手去拉，防止碰伤或带到高处坠落。 （10）各杆塔和跨越处和压线滑车处须设专人监护。 （11）牵引过程中，接到停车信号必须立即停止牵引。 （12）导线的尾线或牵引绳的尾绳在线盘上或绳盘上的盘绕圈数不得少于6圈。 （13）导线或牵引绳带张力过夜须采取临时锚固的措施。 （14）旋转连接器严禁直接进入牵引轮或卷筒，拆除时注意牵引绳扭劲反转，以免将手卷入

续表

序号	作业内容	危险点	危险因素	预 控 措 施
17	导地线压接	工具、机械使用不当、爆炸	人身伤害	（1）压接时，手指不得伸入压模内，切割导线时防止伤及手指。 （2）液压时，使用前检查液压钳体与顶盖接触口，严禁在未旋转到位的状态下压接；压接时，人体不得位于压接钳上方；压接过程中注意压力指示，不得过载使用；液压泵的安全溢流阀不得随意调整，并不得用溢流阀卸荷
18	附件安装	保护绳使用不当、高处坠落、坠物、感应电	高处坠落、坠物伤人、触电	（1）保护绳应挂在横担主材上，不得挂在导线上；安装间隔棒时，安全带挂在最上面一根子导线上。 （2）安装附件前，必须挂接地线。 （3）地线附件安装不得用肩扛。 （4）不得在相邻杆塔上同时、同相安装附件，作业点垂直下方不得有人。 （5）提升导地线前必须采取后备保护，防止掉线。 （6）在跨越带电线路的导线上测量间隔棒距离时，必须使用合格的绝缘绳。 （7）塔上、塔下传递工具、材料时，必须使用绳索
19	紧挂线	超范围过牵引、感应电	高处坠落、触电、跑线	（1）紧线时必须统一指挥，保证通信畅通。 （2）在耐张杆塔上紧线时必须采用临时拉线进行补强。 （3）导线画印前和在高处安装耐张线夹时，必须采取后备保护措施，防止跑线。 （4）必须在停止牵引后，方可挂线；跨越带电线路或有平行、邻近的带电线路时，挂线前应将导线可靠接地

第二节　带电作业与停电作业

一、不停电跨越的一般规定

（1）跨越施工前，应由技术负责人按线路施工图中交叉跨越点断面图，对跨越点交叉角度、被跨越不停电电力线路架空地线在交叉点对地高度、下导线在交叉点对地高度、导线边线间宽度、地形情况进行复测。根据复测结果，选择跨越施工方案。

（2）复测跨越点断面图时，应考虑环境温度的变化（即复测季节与施工季节的温差）。

（3）跨越不停电电力线路施工，应严格按 DL 409—1991《电业安全工作规程（电力线路部分）》规定的"电力线路第二种工作票"制度执行。电力线路第二种工作票应由电业生产运行单位签发，并按规定履行手续。施工过程中，施工单位必须设安全监护人，电业生产运行单位必须派人员进行现场监护。

（4）跨越不停电电力线路施工，在架线施工前，施工单位应向运行单位书面申请该带电线路"退出重合闸"，待落实后方可进行不停电跨越施工。施工期间发生故障跳闸时，在未取得现场指挥同意前，严禁强行送电。

（5）在跨越档相邻两侧杆塔上的放线滑车均采取接地保护措施。在跨越施工前，所有接地装置必须安装完毕且与铁塔可靠连接。

（6）起重工具和临时地锚应根据其重要程度将安全系数提高 20％～40％。

（7）在带电体附近作业时，人体与带电体之间的最小安全距离必须符合表 1-1 的规定。

（8）临近带电体作业时，上下传递物件必须用绝缘绳索，作业过程应设专人监护。

（9）绝缘工具必须定期进行绝缘试验，其绝缘性能应符合相关规程的规定；每次使用前应进行外观检查。绝缘绳、网有严重磨损、断股、污秽及受潮时不得使用。

（10）参加跨越不停电线路施工的人员应熟悉施工工器具的使用方法、使用范围及额定负荷，不得使用不合格的工器具。

（11）跨越施工用绝缘绳、网，在现场应按规格、类别及用途整齐摆放在防水帆布上。

（12）跨越不停电线路架线施工应在良好天气下进行，遇雷电、雨、雪、霜、雾、相对湿度大于 85％天气或 5 级以上大风时，应停止作业。如施工中遇到上述情况，则应将已展放好的网、绳加以安全保护。

（13）跨越施工完后，应尽快将带电线路上方的封顶网、绳拆除。

（一）操作使用的绝缘工具长度

绝缘工具的有效长度不得小于表 1-3 的规定。

表 1-3　　　　　　　　　　　　　绝缘工具的有效长度

工具名称	带电线路电压等级（kV）						
	≤10	35	66	110	220	330	500
绝缘操作杆（m）	0.7	0.9	1.0	1.3	2.1	3.1	4.0
绝缘承力工具、绝缘绳（m）	0.4	0.6	0.7	1.0	1.8	2.8	3.7

注　传递用绝缘绳索的有效长度，应按绝缘操作杆的有效长度考虑。

（二）有跨越架不停电架线

1. 有跨越架不停电架线的规定

（1）跨越架顶面的搭设或拆除，应在被跨越电力线路停电后进行。

（2）跨越架的宽度应超出新建线路两边线各 2m；在跨越电气化铁路和 35kV 及以上电力线路的跨越架上使用绝缘尼龙绳、绝缘网封顶时，满足如下要求：

1）绝缘绳、网的弛度不得大于 2.5m，且距架空避雷线（光缆）的最小净间距不得小于表 1-3 的规定。在雨季施工时，应考虑绝缘网受潮后弛度的增加。

2）在多雨季和空气潮湿情况下，应在封网承力绳与架体横担连接处采取分流调节保护措施。

（3）跨越电气化铁路时，跨越架与电力线路的最小安全距离，必须满足 35kV 电压等级的有关规定。

（4）跨越不停电线路时，作业人员不得在跨越架内侧攀登或作业，并严禁从封顶架上通过。

（5）导线、避雷线（光缆）通过跨越架时，应用绝缘绳作引渡；引渡或牵引过程中，架上不得有人。

2. 跨越架与带电体的最小距离

跨越架架面距被跨线路导线之间的电气最小安全距离,在考虑施工期间的最大风偏后不得小于表 1-4 的规定。

表 1-4　　　　　　　　　　　　跨越架与带电体的最小安全距离

跨越架部位	被跨越电力线电压等级（kV）					
	≤10	35	66～110	220	330	500
架面与导线的水平距离（m）	1.5	1.5	2.0	2.5	5.0	6.0
无避雷线（光缆）时,封顶网（杆）与导线的垂直距离（m）	1.5	1.5	2.0	2.5	4.0	5.0
有避雷线（光缆）时,封顶网（杆）与导线的垂直距离（m）	0.5	0.5	1.0	1.5	2.6	3.6

（三）无跨越架不停电架线

无跨越架的带电跨越电力线路施工,必须按 DL 409—1991《电业安全工作规程（电力线路部分）》的有关规定执行,并由带电作业专业人员承担。

二、停电作业

1. 停电作业的安全和技术要求

（1）停电作业前,施工单位技术负责人应根据线路施工设计图中交叉跨越点断面图,会同运行人员对交叉跨越处现场进行实地勘查。核对需停电电力线路的名称、电压等级、跨越处两侧的起止杆塔号、有无分支线及同杆塔架设的多回电力线。根据现场勘查的结果,确定停电作业安全技术措施方案。

（2）施工单位应向运行单位提交书面停电申请（包括工作任务、人员状况和安全措施要求）和施工安全技术措施。经运行单位审查同意后,应由所在运行单位严格按 DL 409—1991《电业安全工作规程（电力线路部分）》的规定签发"电力线路第一种工作票",并履行工作许可手续。

（3）停电、送电工作必须指定专人负责。严禁采用口头或约时停电、送电。

（4）参加停电作业的人员宜使用静电报警装置。

（5）在未接到许可工作命令前,只能在地面做工作前的准备工作。

（6）工作负责人在接到已停电许可工作命令后,必须首先安排人员进行验电;验电必须使用相应电压等级的合格的验电器或绝缘棒。验电时必须戴绝缘手套并逐相进行验电;验电必须设专人监护。同杆塔架设有多层电力线路时,应先验低压、后验高压,先验下层、后验上层。

2. 停电作业接地线的挂设、拆卸

挂设、拆卸工作接地线时应遵守下列规定:

（1）验明线路确无电压后,工作班人员必须立即在作业范围的两端挂工作接地线,同时将三相短路;凡有可能送电到停电线路的分支线也必须挂工作接地线。

（2）同杆塔架设有多层电力线路时,应先挂低压、后挂高压,先挂下层、后挂上层。工作接地线挂设完后,应经工作负责人检查确认后方可开始工作。

（3）若停电线路上有感应电压,则应在工作范围内加挂工作接地线（个人保安线）。在拆除工作接地线时,应防止感应电触电。

（4）在绝缘架空避雷线（光缆）上工作时,也应先将该架空避雷线（光缆）接地。

（5）挂工作接地线时，应先接接地端，后接导线、避雷线（光缆）端；接地线连接应可靠，不得缠绕。拆除时的顺序与此相反。

（6）装、拆工作接地线时，工作人员应使用绝缘棒或绝缘绳，戴好绝缘手套，人体不得碰触接地线。

3. 停电作业间断、结束和工作终结

（1）工作间断或过夜时，作业段内的全部工作接地线必须保留；恢复作业前，必须检查接地是否完整、可靠。

（2）施工结束后，现场工作负责人必须对现场进行全面检查，待全部作业人员（包括工具、材料）撤离杆塔后方可命令拆除停电线路上的工作接地线；工作接地线一经拆除，该线路即视为带电，严禁任何人再登杆塔进行任何工作。

（3）工作终结后，工作负责人应报告工作许可人，报告的内容如下：工作负责人姓名，该线路上某处（说明起止杆塔号、分支线名称等）工作已经完工，线路改动情况，工作地点所挂的工作接地线已经全部拆除，杆塔和线路上已无遗留物，工作人员已全部撤离，可以送电。

第三节 外 伤 急 救

一、创伤急救

1. 创伤急救的基本要求

（1）创伤急救的原则是先抢救、后固定、再搬运，防止伤口感染，加重伤情。需要送医院救治的，应立即做好保护伤员措施后送医院救治。

（2）抢救前先使伤员安静躺平，判断全身情况和受伤程度，如有无出血、骨折和休克等。

（3）外部出血立即采取止血措施，防止失血过多而休克。外观无伤，但呈休克状态，神志不清或昏迷者，要考虑胸腹部内脏或脑部受伤的可能性。

（4）为防止伤口感染，应用清洁布片覆盖。救护人员不得用手直接接触伤口，更不得在伤口内填塞任何东西或盲目用药。

（5）搬运时应使伤员平躺在担架上，腰部束在担架上，防止跌下。平地搬运时伤员头部在后，上楼、下楼、下坡时头部在上，搬运过程中应严密观察伤员，防止伤情突变。

2. 止血

（1）伤口渗血。用比伤口稍大的消毒纱布数层覆盖伤口，然后进行包扎。若包扎后仍有较多渗血，可再加绷带适当加压止血。

（2）伤口出血呈喷射状或鲜红血液涌出时，立即用清洁手指压迫出血点上方（近心端），使血流中断，并将出血肢体抬高或举高，以减少出血量。

（3）用止血带或弹性较好的布带等止血时（见图1-1），应先用柔软布片或伤员的衣袖等数层垫在止血带下面，再扎紧止血带，以刚使肢端动脉搏动消失为度。上肢每60min、

图1-1 止血带

下肢每 80min 放松一次，每次放松 1～2min。开始扎紧与每次放松的时间均应书面标明在止血带旁。扎紧时间不宜超过 4h。不要在上臂中 1/3 处和腋窝下使用止血带，以免损伤神经。若放松时观察已无大出血可暂停使用。严禁将电线、铁丝、细绳等作止血带使用。

（4）高处坠落、撞击、挤压可能有胸腹内脏破裂出血。受伤者外观无出血但常表现面色苍白、脉搏细弱、气促、冷汗淋漓、四肢厥冷、烦躁不安，甚至神志不清等休克状态，应迅速躺平，抬高下肢（见图 1-2），保持温暖，迅速送医院救治。若送医院途中时间较长，可给伤员饮用少量糖盐水。

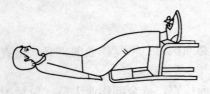

图 1-2　抬高下肢

二、骨折急救

1. 肢体骨折的处理

肢体骨折可用夹板或木棍、竹竿等将断骨上、下方两个关节固定（见图 1-3 和图 1-4），也可利用伤员身体进行固定，避免骨折部位移动，以减少疼痛，防止伤势恶化。

开放性骨折伴有大出血者，先止血、再固定，并用干净布片覆盖伤口处，然后迅速送医院救治。切勿将外露的断骨推回伤口内。

图 1-3　上肢骨折固定方法

图 1-4　下肢骨折固定方法

2. 颈椎受伤的处理

若有颈椎损伤，在使伤员平卧后，把沙土袋（或其他代替物）放置在头部两侧（见图 1-5），使颈部固定不动。必须进行口对口呼吸时，只能采用抬颏使气道通畅，不能再将头部后仰移动或转动头部，以免引起截瘫或死亡。

3. 腰椎骨折的处理

腰椎骨折时应将伤员平卧在平硬木板上，并将腰椎躯干及双下肢一同固定，预防瘫痪，如图 1-6 所示。搬动时应数人合作，保持平稳，不能扭曲。

图 1-5　颈椎骨折固定方法

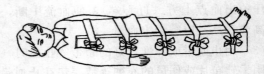

图 1-6　腰椎骨折固定

三、烧伤急救

（1）电灼伤、火焰烧伤或高温气、水烫伤均应保持伤口清洁。伤员的衣服鞋袜用剪刀剪开后除去。伤口全部用清洁布片覆盖，防止感染。四肢烧伤时，先用清洁冷水冲洗，然后用清洁布片或消毒纱布覆盖送医院。

（2）强酸或强碱灼伤应立即用大量清水彻底冲洗，迅速将被侵蚀的衣物剪去。为防止酸、碱残留在伤口内，冲洗时间一般不少于 10min。

（3）未经医务人员同意，灼伤部位不宜敷搽任何东西和药物。

（4）送医院途中，可给伤员多次少量口服糖盐水。

四、冻伤与动物咬伤急救

1. 冻伤处理方法

（1）冻伤使肌肉僵直，严重者深及骨骼，在救护搬运过程中动作要轻柔，不要强行使其肢体弯曲活动，以免加重损伤，应使用担架将伤员平卧并抬至温暖室内救治。

（2）将伤员身上潮湿的衣服剪去后用干燥、柔软的衣服覆盖，不得烤火或搓雪。

（3）全身冻伤者呼吸和心跳有时非常微弱，不应误认为死亡，应努力抢救。

2. 动物咬伤急救

（1）被毒蛇咬伤后，不要惊慌、奔跑、饮酒，以免加速蛇毒在人体内扩散。急救措施如下：

1）咬伤大多在四肢，应迅速从伤口上方向下方反复挤出毒液，然后在伤口上方（近心端）用布带扎紧，将伤肢固定，避免活动，以减少毒液的吸收。

2）有蛇药时可先服用，再送往医院救治。

（2）被犬咬伤后的急救措施如下：

1）被犬咬伤后应立即用浓肥皂水冲洗伤口，同时用挤压法自上而下将残留在伤口内的唾液挤出，然后用碘酒涂搽伤口。

2）少量出血时，不要急于止血，也不要包扎或缝合伤口。

3）尽量设法查明该犬是否为"疯狗"，对医院制订治疗计划有较大帮助。

第二章　常用工器具及其使用

第一节　手　动　工　具

一、钢丝钳

1. 基本结构

钢丝钳，俗称卡钳、手钳，是输配电线路作业人员使用的基本工具之一。它是钳夹和剪切的工具，其结构如图2-1所示，由钳头和钳柄组成。钳头有钳口、齿口、刀口和铡口四口；钳头不可作为敲打工具使用，平时应防锈，钳头的轴销上应经常加油润滑，使钢丝钳操作灵活、省力。钳柄套的绝缘套管必须是完好的且交流耐压不低于500V，不得在超过耐压的环境中使用，以防在工作中使钳头触碰到带电部位，致使钳柄带电而造成意外事故。为防止钳柄绝缘套管磨损、碰裂，可以加套适当的电缆护套胶管，加强其绝缘强度。

2. 主要规格

钢丝钳的握法如图2-2所示。使用钢丝钳时，要使钳头的刀口朝内侧，即朝向自己，便于控制钳口部位；用小指伸在两钳柄中间，用以抵住钳柄、张开钳头。另外，在使用中还需注意，切勿用刀口去钳断钢丝，以免刀口损伤。常用的钢丝钳规格有150、175、200mm（钳柄长度）三种。

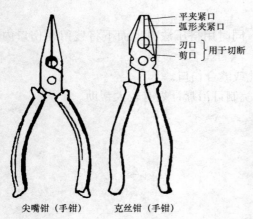

尖嘴钳（手钳）　　克丝钳（手钳）

图2-1　钢丝钳（尖嘴钳）的结构

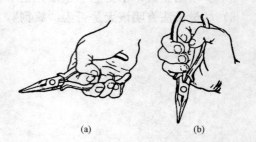

(a)　　　　　(b)

图2-2　钢丝钳（尖嘴钳）的握法
(a) 平握法；(b) 立握法

3. 使用方法

钢丝钳的功能有很多，可用钳口或齿口弯铰电线；用刀口切断电线；用铡口来铡切钢丝或铅线（铁线）；在扳手施展不开的场合用钳口或齿口来扳旋小螺母；铜、铝芯多股电线与设备的针孔式接线桩头连接时，用钢丝钳钳口或齿口把削去绝缘层的线头绞紧；钢丝钳还可用来代替剥线钳剥去塑料线的绝缘层。根据线头所需长度，用钳头刀口轻切塑料层，但刀口不能钳到芯线，否则会损伤芯线；然后右手握住钳头用力勒去塑料层，与此同时，左手捏紧电线反向用力配合动作。遇到导线截面较大、双手的力量不足时，可借助脚的力量，即左脚略抬起内侧，脚底压住钳头齿口部，握电线的左手用力拉，以完成导线头的剥制。钢丝钳的刀口也可以用于拔起铁钉，钳头用来削平配线钢管管口的毛刺等。

二、尖嘴钳

1. 基本结构

尖嘴钳（见图2-1）与钢丝钳相似，由钳头和绝缘套管的钳柄组成。它是电工常用的钳夹和剪切工具。

2. 使用方法

它的正确握法、切割电线与钢丝钳一样。尖嘴钳一般用来夹持小螺母、小零件，在弱电元器件电路焊接时夹住元件引线，以防烫坏元件等。尖嘴钳小，不能用很大的力气，不要钳很大的东西，以防钳嘴折断。

对烧毛的电气接线螺桩用尖嘴钳套丝。在日常电气维修中，常会遇到电气接线螺桩（即接线螺钉，多数为M12～M16）烧毛，尤其是电焊机焊接螺桩、电焊控制柜进线或出线螺桩，造成螺帽难以拧紧，导线不好紧固。这时，需要卸下接线螺桩重新套丝。具体方法是：将圆板牙从板牙绞手内取出，直接把圆板牙套在烧毛的螺钉上；将150mm尖嘴钳钳头、钳尖套入切削孔内，用手旋转尖嘴钳手柄来套丝。若太紧，还可借助活络扳手卡在尖嘴钳旋转轴上扳。因螺纹烧毛是局部损坏，而且一般通过大电流的螺钉（如电焊机焊接螺桩）是铜质的，材质较软，所以用力不必太大即可完成套丝。

三、活络扳手

1. 基本结构

活络扳手，又称活动扳头、活扳手，是一种旋紧或松脱有角螺栓或螺母的工具，如图2-3所示。它主要由呆扳唇、活络扳唇、蜗轮、轴销、手柄等构成。转动活络扳手的蜗轮，就可以调节扳口的大小。

图2-3　活络扳手

2. 主要规格

常用的活络扳手有长200、250、300mm三种。使用时要根据螺母的大小，选用适当规格的活络扳手，以免扳手过大，损伤螺母；或螺母过大，损伤扳手。

3. 使用方法

活络扳手一般有两种握法：扳动大螺母时，手应握在柄上，手的位置越靠后，扳动起来就越省力；扳动小螺母时，由于所需用的力小，并要不断地调节扳口的大小，手应握在近头部的地方，并用大拇指控制好蜗轮，以便随时调节扳口。在使用活络扳手时，扳口的调节应适当，务必使扳唇正好夹住螺母，否则扳动时扳口会打滑。活络扳手扳口打滑，既损伤螺母，又可能碰伤手指；高处作业时，还可能会导致身体剧烈晃动而坠落伤人。

另外，在需要用较大力量的场合，活络扳手的活络扳唇部分应位于靠近身体的一侧（朝向扳手旋动方向），这样有利于保护蜗轮和轴销不受损伤，防止损坏活络扳唇部分。

扳动有角螺栓或螺母，除可用活络扳手外，尚可用成套的呆扳手（固定扳手）或套筒扳手。如图2-4所示，套筒扳手可用来拧紧或拧松有沉孔的有角螺栓或螺母，或在无法使用活络扳手的地方使用。它由套筒和扳手手柄两部分组成，套筒应配合螺母规格选用。

四、电工刀

1. 基本结构

电工刀是在低压配电线路作业中用来剖削和切割的常用工具，如图 2-5 所示。电工刀常用来剖削电线线头、切割木台缺口、削制木榫等。使用时，刀口应朝外进行操作；使用完毕，应随即把刀身插入刀柄内。电工刀的刀柄结构是没有绝缘的，因此不能在带电体上使用电工刀进行操作，以免触电。

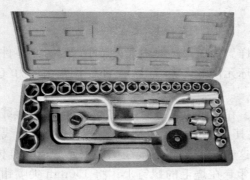

图 2-4　套筒扳手　　　　　　　　　　图 2-5　电工刀

2. 使用方法

电工刀的刀口要求在单面上磨出呈圆弧状的刃口，刀刃部分要磨得锋利一些，但不能太尖，太尖容易削伤线芯；磨得太钝，无法剖削。磨制刀刃时底部平磨，而面部要把刀背抬高 5～7mm，使刀倾斜 45° 左右；磨好后再把底部磨点倒角。在剖削绝缘导线的绝缘层时，可把刀略微翘起一些，用刀刃的圆角抵住线芯，这样不易损伤线芯。切忌把刀刃垂直对着导线切割绝缘，这样容易割伤芯线。若所需剖去的绝缘较短，则可以放在手上剖削；若所需剖去的绝缘较长，则可以放在大腿上剖削。

剖削线头是为了在做接头前把导线上的绝缘层削去。线头剖削的长度，应根据连接时的需要而定，太长则浪费电线，太短则影响连接质量。用钢丝钳剥离绝缘层的方法，适用于线芯截面积为 2.5mm^2 及以下的塑料线。对于截面积规格较大的塑料线，可用电工刀来剖削绝缘层，一般采用斜削法。剖削时，应使电工刀刀口向外，以 45° 角倾斜切入塑料层，不可切到线芯，更不可垂直切入，以免损伤芯线。线头剖削的步骤和方法，如图 2-6 所示。

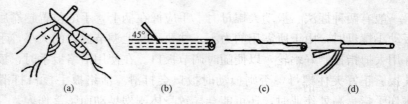

图 2-6　电工刀剖削塑料线绝缘层
（a）切入手法；（b）电工刀以 45° 倾斜切入；（c）电工刀以 25° 倾斜推削；（d）翻下塑料绝缘层

五、榔头

1. 基本结构

榔头，又称手锤或锤子，如图 2-7 所示。榔头是一种敲打工具，式样和规格很多，电工常用的是 0.5kg 或 0.75kg 重的铁榔头。用榔头敲打物体时，右手应握在木柄的下部。

2. 使用方法

榔头的握法是：用大拇指和食指围握住榔头的木柄；击锤时（榔头冲向錾子等物体），中指、无名指、小指依序握紧榔头的木柄，挥动榔头时以相反的次序放松。

挥锤共有以下三种方法：

（1）手挥。只有手的运动，锤击力最小，这种方法多用于凿打水泥墙上的木枕孔及垂击后细微修正时使用。

（2）肘挥。手与肘部一起动作，锤击力大，此法应用最广。

（3）臂挥。手及主臂都一起运动，锤击力最大，此法应用较少。挥锤速度一般为 40～50 次/min 左右，镐头冲击时速度应快，以便获得较大的锤击力；榔头离开錾子的速度应较慢。臂挥时两足站立，全身自然，便于用力。

图 2-7 榔头

六、钢锯

1. 钢锯的结构

钢锯，又称手锯。钢锯是一种锯割（用锯条把工件割断叫锯割）工具，主要由锯架（或

锯弓）和锯条组成。锯架有固定的和活络的两种，常见的是活络的，可以配用 300mm 或 350mm 长的锯条，如图 2-8 所示。当锯割的工件的厚度与硬度不同时，应选用不同齿数（单位长度齿数）的锯条，否则锯条会很快磨损。工件越薄，锯齿应越小，保证有三个齿以上能同时锯割即可，否则，锯齿较易磨损甚至脱落。另外，工件材料越硬，锯齿也应越小。

图 2-8 钢锯

2. 使用方法

（1）准备工作。安装锯条时应注意：

1）锯齿尖端须朝前方，否则锯割操作困难。

2）锯条松紧度要合适，一般用两个手指拧紧蝶形螺母为好，若较松，则操作时容易折断。

（2）使用方法。

1）锯割木槽板、木梳等小型木材时，只要用左手拿住木材，右手握住钢锯手柄，来回推拉钢锯即可。

2）锯割钢管等金属材料时，要先把金属材料夹在台虎钳上。锯割时，左手稳住锯架头部，右手握住钢锯手柄，使钢锯保持水平，来回推拉钢锯。应当注意的是，钢锯往前推时要用力，因推锯前进时会发生锯割作用；锯条拉回时，不发生锯割作用，所以锯条往后拉时不加压力，且稍抬起，乘势收回。锯割时不要用力过大，否则锯条易折断。

3）钢锯锯割时，要使锯条长度的 2/3 以上参与锯割，而不是仅用锯条的中间部分。

4）锯割硬性金属时，速度较慢、压力较大；锯割软性金属时，速度较快、压力较小。当锯割快结束时，应轻缓用锯，并用手扶着被锯断的一段，以免突然断落时伤及锯条、击伤操作者的脚。

5）在锯割时，有时锯条会跑边，不按预定锯缝锯割。这时应将工件反过来锯割，如在原锯缝继续纠正斜切，多会导致锯条折断。锯条跑边的原因是锯条安装得过松或钢锯使用不熟练。

6）当进行锯割锯缝很深的工作时，可将锯条横装，锯齿方向依然与锯条前进方向相同。

7）在锯割窄工件以及工件内夹杂有其他硬杂质时，锯齿就容易折断，即使锯齿只折断一个齿，也不能用来继续锯割工作，因为相邻近的锯齿会继续折断，而且其他锯齿也会迅速地磨钝，这时可将该锯条在磨石或砂轮上磨掉与它相近的两三个锯齿再把锯缝内的断齿去掉后再使用。

8）在锯割管子或棒料时应先用三角锉或锯条在确定的锯断点处锉出浅的锯槽，以免锯割时锯条在工作表面打滑。同时在锯割钢管时，应绕钢管锯断点的圆周从几个方向来锯割。而在钢管配线施工时，用钢锯切断电线管，最好选用细齿锯条，锯条锯齿宜反装，锯割时要加油。

9）无论锯割任何工件，当旧的锯条折断换用新锯条时，必须翻转工件，从反方向锯割。因为旧锯条锯缝比新锯条窄，如果仍旧从原缝锯入，就会因摩擦阻力大而折断。如果被锯割工件不可翻转，就必须用新锯条缓缓锯宽原先的锯槽。锯割时，为减少锯条与锯缝的摩擦，可涂油脂来润滑。

（3）钢锯锯条折断的原因。

1）锯条安装得松动。

2）被锯工件抖动。

3）锯割时压力太大。

4）锯割时锯条不成直线运动。

5）锯条咬住。

6）锯条折断后，新锯条从原缝锯入。

7）锯条跑边仍继续锯割。

8）起锯方向不对，例如从棱角上起锯等。

（4）注意事项。

1）锯条安装的松紧度要适宜。安装的锯条太松，锯割时会崩出锯条，危及操作者。

2）切不可使用没有手柄的锯架工作，因为锯架尾的尖端容易戳伤操作者的手心。

3）锯割沉重的工件时，快断时必须用手扶着被锯割断的部分，或用支架支稳，以防切割下的部分落下击伤操作者的腿或脚。

第二节　专　用　工　具

一、机动绞磨

1. 种类

（1）机动绞磨按能否自行行进分为两种：一种是台架卧式机动绞磨，需要人力或机动车搬运；另一种是拖拉机式机动绞磨，它将绞磨装在手扶拖拉机上，可自行而无须人力搬运。

（2）按发动机型式分为汽油机绞磨和柴油机绞磨两类。

（3）按额定牵引力分为 10、15、20、30、50kN 五类。

2. 结构特征

机动绞磨是一种在无电源的情况下，适应野外施工需要的牵引或起重机械。它具有体积小、质量轻、牵引力大、操作简单等特点。它由发动机、离合器、变速箱、磨芯等部分组成，如图2-9所示。

3. 操作方法

（1）装设钢丝绳。将搭扣螺钉松开后，打开左右半支架，面对磨芯，将钢丝绳由下向上逆时针绕进磨芯，牵引端靠近变速箱，尾绳靠近支架。钢丝绳在磨芯上的圈数视牵引负荷而定，在额定工作负荷时应保持5圈。

（2）发动机启动前应先脱开离合器并挂空挡，参照发动机使用说明书启动发动机。

（3）合上离合器，动作应快，否则容易磨损，脱开时不宜用力过猛。

图2-9　机动绞磨

（4）变速箱换挡前应先脱开离合器，若换挡困难，可轻微合一下离合器使得输入轴转动一个角度再换挡。严禁强行入挡。

（5）工作前，应进行10min空载运行，检查离合器、换挡手柄是否灵活、准确、可靠，各部分是否有异常现象。

4. 使用与维护

（1）发动机的使用、维护，按使用说明书进行。绞磨应在额定负荷内工作，严禁超载运行。

（2）绞磨的锚固。选用规格合适的钢丝绳，将绞磨的固锚点与预埋好的地锚或桩锚连接牢固即可。在使用中不能在固锚点以外自行确定连接位置。

（3）使用前，应仔细检查各部件在运输中有无损坏和紧固件有无松动现象。

（4）绞磨变速箱的箱体，多采用ZL104铸铝合金，在检修过程中螺钉不宜过紧，并避免不必要的拆卸，更不能用锤敲击。

（5）为保证使用可靠性，新机使用半年后应由专人进行一次检查，清洗箱体，换入干净的润滑油。

（6）变速箱油面位置应在Ⅲ轴中心位置，机动绞磨的润滑维护应按说明书的要求进行。

5. 使用机动绞磨的注意事项

（1）绞磨应放置平稳，锚固可靠，受力前方一定距离内不得有人。

（2）拉磨尾绳不应少于2人，且应位于锚桩后面，不得站在绳圈内。

（3）绞磨受力状态下，不得采用松磨尾绳的方法卸荷，以防其突然滑跑。

（4）牵引绞磨绳应从卷筒下方引出，缠绕不得少于5圈，且应排列整齐，严禁相互叠压。

（5）拖拉机绞磨两轮胎应在同一水平面上，前后支架均应受力。

（6）绞磨卷筒应与绞磨绳垂直。导向滑车应对正卷筒中心。

二、抱杆

1. 抱杆的种类

（1）抱杆按材料分为木抱杆、钢抱杆、铝合金抱杆等。

（2）抱杆按断面形状分为圆环形、四方形及三角形三种。每种断面的抱杆又分为变截面和等截面两种，如图 2-10 和图 2-11 所示。

（3）按组合形式分为单抱杆、人字抱杆、带摇臂的独抱杆及其他形式。

图 2-10　变截面抱杆　　　　　　　　　　图 2-11　等截面抱杆

2. 使用抱杆的注意事项

（1）抱杆使用前应进行外观检查，凡是缺少部件（含铆钉等）及主、斜材严重锈蚀的严禁使用。

（2）抱杆的吊绳使用前必须检查其外观是否完好，使用时应控制在施工工艺设计的容许荷载以内。抱杆的容许轴向压力与抱杆的吊重是不一样的，使用时必须区分清楚。

（3）抱杆的接头螺栓必须按规定安装齐全、拧紧，组装后的整体弯曲度不应超过 1‰，在最大起吊荷载时不应超过 2‰。

（4）抱杆的受力状态以轴向中心受压最佳，偏心受压会使抱杆容许承压力降低。严重偏心受压时应验算抱杆的承压力。

（5）铝合金抱杆应特别注意保护，使用中避免钢丝绳摩擦。严禁用铝抱杆代替基础混凝土浇筑的抬架。

三、地锚和桩锚

1. 地锚和桩锚的分类

在输配电线路施工中，固定绞磨、牵张机械、起重滑车组、转向滑车及各种临时拉线等，都需要使用临时地锚或桩锚。地锚，是指将锚体埋入地面以下一定深度的土层中，以此承受上拔荷载；桩锚，是指用锤击或其他施力方法使木桩、铁棒桩、钢管桩或其他型式锚桩部分深入土层、部分外露，以此承受上拔荷载。根据施工经验，当承受的拉力小于 20kN 且地表土较坚硬时，一般使用桩锚；当承受的拉力不小于 20kN 且地表土较软弱时，一般使用地锚。地锚承受的拉力较大但需要挖坑，桩锚承受的拉力较小但不需要挖坑，随用随固定，拆除快捷。

（1）地锚按墙体材料及制作方式的不同分为三种：

1）圆木地锚。一般采用 $\phi80\sim\phi240$、长度小于2m的圆木作为锚体。但由于圆木选材困难、易腐烂，使用越来越少。

2）钢板地锚。采用 $3\sim5$mm的薄钢板在中部焊筋后封闭而成锚体，如图 2-12 所示。

(a)　　　　　　　　　　　　　　(b)

图 2-12　地锚
(a) 螺旋式地锚；(b) 船型地锚

3）钢管地锚。采用4mm薄钢板卷制焊接成外径为230mm、长度为1600mm的圆柱体，内壁中部用 $6\sim8$mm钢板焊接加固，两端封口以成锚体。

（2）临时桩锚分为下列三种：

1）圆木桩锚，包括加挡板及不加挡板两种。

2）圆钢管桩锚。

3）角钢桩锚。

4）其他型式桩锚，如钻地桩锚等。

（3）按受力性能的不同分为水平受力锚、上拔受力锚和斜向受力锚。

各种地锚和桩锚承受水平荷载最为有利，而承受上拔荷载均较小，因此使用地锚和桩锚，尽可能使其承受水平荷载。

2. 地锚和桩锚地质条件的分类及判定

地锚和桩锚都是利用土壤对桩或锚体的嵌固作用而承受荷载的，而不同种类的土壤的物理性能是不一致的。土壤的物理性能指标较多，根据输配电线路安全工作规程对土质的分类法，并参照线路设计资料确定土壤分类，见表 2-1。

表 2-1　　　　　　　　　　　　　土　壤　分　类　表

项目	土壤类别				
	特坚土	坚土	次坚土	普通土	软土
土壤名称	风化岩或碎石土	黏土、黄土粗砂土	亚黏土、亚砂土	粉土、粉砂土	淤泥、填土
土壤状态	坚硬	硬塑	硬塑	可塑	软塑
含水状态	干燥	稍湿	中湿	较湿	极湿
密实度	极密	密室	中密	稍密	微密
密度（kg·m³）	1900	1800	1700	1600	1500
计算抗拔角	30°	25°	20°	15°	10°

项目	土壤类别				
	特坚土	坚土	次坚土	普通土	软土
凝聚力（N）		0.05	0.04	0.02	0.01
许可地基承载力（N/m²）	0.5	0.4	0.3	0.2	0.1
开挖坡度（高：宽）	1：0	1：0.15	1：0.3	1：0.5	1：0.75
简易判别法	镐难以掘进，需要爆破	镐可以掘进，土壤成块状	镐易掘进，铲无法掘进	一般用铲，要用脚踩	用铲易掘进，无须用脚

3. 地锚的埋设要求

（1）地锚坑的位置应避开不良地理条件，如低洼易积水、受力侧前方有陡坎及新填土的地方。

（2）地锚坑应开挖马道，但马道宽度应以能旋转钢丝绳为宜，不应太宽。马道坡度应与钢丝绳受力方向一致，马道与地面的夹角不应大于45°。

（3）地锚坑底受力侧应掏挖小槽。小槽的深度宜为：全埋土地锚不小于地锚直径的1/2，不埋或半埋土地锚不小于地锚直径的2/3。

（4）地锚坑内埋设锚体后，应根据土壤种类确定是否需要回填。

1）对于坚土地质允许使用不埋土地锚，但坑深应按计算值增加0.2m。

2）对于次坚土和普通土应回填土，且应夯实。

3）对于软土及水坑，应先将水排出后再回填土夯实。

（5）当地锚受力不满足安全要求时，可以增加地锚坑的深度，或加大锚体尺寸，或在锚体受力侧增加角钢桩及挡板等，对地锚实施加固。

（6）如遇岩石地质需要设置地锚时，可采用岩石临锚基础，锚筋的规格视受力大小选择。

（7）地锚的钢丝绳套应安置在锚体的中间位置，如果偏心，则会降低地锚的抗拔力。

4. 角钢桩设置的要求

（1）角钢桩的规格不宜小于∠75×8，长度不得小于1.5m，严重弯曲者不得使用。

（2）角钢桩的轴线与地面的夹角（后侧）以60°～70°为宜，不应垂直地面，打入深度不应小于1.0m。

（3）角钢桩的位置应避开积水地带及其他不良地质条件。

（4）角钢桩的凹口应朝受力侧，钢丝绳在桩上的着力点应紧贴地面。

（5）当使用双桩或三桩时，前后相邻的两桩间应用8号铁线（3～4圈）并通过花篮螺栓连接。使用前，花篮螺栓应收紧，以保持双桩或三桩同时受力。也可用规格合适的白棕绳缠绕收紧。

（6）角钢桩应当天打入地下，当天使用。隔夜使用时，使用前应检查有无雨水浸入，必要时应拔出重打。

四、钢丝绳

1. 钢丝绳的使用标准

（1）钢丝绳合用程度的判断见表2-2。

表2-2　　　　　　　　　　　　　　钢丝绳合用程度判断表

类别	钢丝绳的表面现象	合用程度	允许使用场地
1	钢丝绳摩擦轻微，无绳股凸起现象	100%	重要场所
2	(1) 各钢丝已有变位、压扁及凸起现象，但未露绳芯； (2) 钢丝绳个别部分有轻微锈蚀； (3) 钢丝绳表面的个别钢丝有尖刺现象，每米长度内的尖刺数目不多于钢丝总数的3%	75%	重要场所
3	(1) 绳股尖凸不太危险，未露绳芯； (2) 钢丝绳个别部分有显著锈蚀； (3) 钢丝绳表面的个别钢丝有尖刺现象，每米长度内的尖刺数目不多于钢丝总数的10%	50%	次要场所
4	(1) 绳股有显著扭曲，钢丝及绳股已有部分变位，有显著尖刺现象； (2) 钢丝绳全部锈蚀，除去锈后钢丝上有凹痕； (3) 钢丝绳表面的个别钢丝有尖刺现象，每米长度内的尖刺数目不多于钢丝总数的25%	40%	不重要场所或辅助场所

（2）当钢丝绳断丝超过表2-3规定时应报废处理。

表2-3　　　　　　　　　　　　　　钢丝绳报废标准

安全系数	钢丝绳结构					
	$6×\phi19$		$6×\phi37$		$6×\phi61$	
	在一个节距中拉断钢丝数（根）					
	交互捻	同向捻	交互捻	同向捻	交互捻	同向捻
6以下	12	6	32	11	36	18
6~7	14	7	36	13	38	19
7以上	16	8	40	15	40	20

（3）当钢丝绳表面磨损或锈蚀时，允许使用的拉力应乘以修正系数，见表2-4。

表2-4　　　　　　　　　　　　　钢丝绳表面有磨损时的修正系数

磨损量按钢丝直径计算（%）	10	15	20	25	30	30以上
修正系数	0.8	0.7	0.65	0.55	0.50	0

2. 钢丝绳的维护及使用注意事项

（1）使用钢丝绳时，不能使钢丝绳发生锐角曲折、散股或由于被夹、被砸而成扁平状。

（2）为防止钢丝绳生锈，应经常保持清洁，并定期涂抹钢丝绳脂或特制无水分的防锈油，其成分的质量比为煤焦油68%、三号沥青10%、松香10%、工业凡士林7%、石墨

3%、石蜡2%；也可以使用其他的浓矿物油（如汽缸油等）。钢丝绳在使用时，应间隔一定时间涂一次油，在保存时最少每六个月涂一次。

（3）穿钢丝绳的滑轮边缘不允许有破裂现象，以避免损坏钢丝绳。

（4）钢丝绳与设备构件及建筑物的尖角如直接接触，应垫木块或麻带。

（5）在起重作业中，应防止钢丝绳与电焊线或其他电线接触，以免触电及电弧损坏钢丝绳，有感应电的应加装接地线。

（6）钢丝绳应成卷平放在干燥库房内的木板上，存放前要涂满防锈油。

（7）当钢丝绳有腐蚀、断股、乱股及严重扭结时，应停止使用。

（8）钢丝绳直径磨损不超过30%，允许降低拉力继续使用；若超过30%，则按报废处理。

（9）钢丝绳经长期使用后，自然磨损和化学腐蚀是不可避免的。当整根钢丝绳外表面受腐蚀凭肉眼观察显而易见时，停止使用。

（10）当整根钢丝绳纤维芯被挤出，各种超重机械的钢丝绳断丝后的报废标准参见表2-3。

（11）超载使用过的钢丝绳不得再用。如需使用，通过破断拉力试验鉴定后可降级使用。若未知是否超载，一般可通过外观有无严重变形、结构破坏、纤维芯挤出和有明显的卷缩、聚堆等现象来判断。

五、麻绳

1. 麻绳的种类

麻绳分手工制造和机器制造两种，前者一般就地取材加工、规格不严、搓拧较松，不宜在起重作业中使用；后者质量较好，按使用的原材料不同，分为印尼棕绳、白棕绳、混合棕绳和线麻绳四种。

（1）印尼棕绳。它以印度尼西亚生产的西纱尔麻（白棕）为原料。这种纤维的特点是：拉力和扭力强，滤水快，抗海水浸蚀性能强，耐摩擦且富有弹性，受突然增加的拉力时不易折断。其适用于水中起重、船用线缆、拖缆和陆地起重。

（2）白棕绳。以龙舌兰麻为原材料，具有西沙尔麻的特点，因系野生，质量略次，用途同印尼棕绳。

（3）混合棕绳。是用龙兰麻和苎麻各半，再掺入10%大麻混合捻成的。由于生苎麻拉力强，但韧性差，有胶质，遇水易腐，所以混合绳的拉力大于白棕绳，但耐腐蚀性低，特别是在水中使用时，遇天热水暖更为显著，使用时应加以注意。

（4）线麻绳。用大麻纤维为原料，其特点为柔韧、弹性大、拉力强。用途与混合棕绳基本相同。

2. 使用麻绳的注意事项

（1）麻绳在使用前的检查和处理方法。麻绳若保管不善或使用不当，容易造成局部损伤、机械磨损、受潮及化学介质的浸蚀。为了消除隐患，保证起重作业的安全可靠性，必须在每次使用前进行检查，对存在的问题予以妥善处理。当麻绳表面均匀磨损不超过直径的30%，局部损伤不超过同截面直径的10%时，可按直径折减降低级别使用。断股的麻绳禁止使用。

（2）麻绳应用特制的油涂抹保护，油的成分及质量比为工业凡士林83%、松香10%、石蜡 4%、石墨 3%。

（3）绕麻绳的卷筒、滑轮的直径应大于麻绳直径的 7 倍。由于麻绳易于磨损和破断，最好选用木制滑轮。

（4）作业中的麻绳，应注意避免受潮、淋雨、纤维中夹杂泥沙和受油污等化学介质浸蚀。麻绳用完后，应立即收回晾干，清除表面泥污，卷成圆盘，平放在干燥的库房内。

（5）麻绳打结后强度会降低 50% 以上，使用时应尽量避免打结。

六、滑轮与滑轮组

1. 滑轮的分组

滑轮（也称滑车）按制作的材质分类，有木滑轮、钢滑轮、铝滑轮及尼龙滑轮四种；按使用的方法分为定滑轮、动滑轮和定、动滑轮合成的滑轮组；按滑轮数的多少可分为单轮、双轮及多轮等；按其不同作用可分为导向滑轮、平衡滑轮等。

动滑轮能省力，不能改变力的方向；定滑轮能改变力的方向，但不能省力；滑轮组则既能省力，又能改变力的方向。

2. 滑轮尺寸

滑轮尺寸的表示方法主要是以绳槽尺寸和滑轮直径大小来表示，其中绳槽尺寸见表2-5。

表 2 - 5　　　　　　　　　　　　**滑 轮 的 绳 槽 尺 寸**　　　　　　　　　　　　mm

图　　　例	钢丝绳的直径	a	b	c	d	e
	7.7～9.0	25	17	11	5	8
	11.0～14.0	40	28	25	8	10
	15.0～18.0	50	35	32.5	10	12
	18.5～23.5	65	45	40	13	16
	25.0～28.5	80	55	50	16	18
	31.0～34.5	95	65	60	19	20
	36.5～39.5	110	78	70	22	22
	43.0～47.5	130	95	85	26	24

表 2-5 所列滑轮绳槽尺寸配合相应的钢丝绳直径，可以保证钢丝绳顺利滑过，并能使其接触面积最大。

钢丝绳绕过滑轮时要产生变形，故滑轮绳槽底部的圆半径应稍大于钢丝绳的半径，一般取 $R \approx (0.53 \sim 0.6)d$。绳槽两侧面夹角 $2\beta = 35° \sim 45°$。

滑轮的直径（指槽底的直径）$D > ed$，e 值取 16～20，一般的安装工地 e 值取 16，平衡滑轮 $D_P \approx 0.6D$。

3. HQ 系列滑轮

（1）HQ 系列滑轮（ZBJ80008-87）是通用的起重滑轮，适用于工矿企业的基本建设施工、设备安装等部门。HQ 系列滑轮由 18 个拉力等级、14 种直径、17 种结构型式的滑轮所组成，共计 48 个规格。

（2）HQ 系列滑轮以"HQ"字母作为代号，表示起重滑轮，放在滑轮型号的首位，后面是拉力等级、轮数、结构型式代号。拉力等级和轮数两个数字之间用"X"号隔开。结构型式的代号意义如下：

开口：k；闭口：不加 k；吊钩：G；吊环：D；链环：L；吊梁：W。

（3）HQ 系列滑轮的安全系数为 2.0～3.0。

4. 使用滑轮的注意事项

（1）滑轮组两滑轮轴心间的最小距离见表 2-6。

表 2-6　　　　　　　　　　　　滑轮组两滑轮轴心间的最小距离

起重量（kN）	10	50	100～200	250～500
滑轮轴中心的最小距离（mm）	700	900	1000	1200
拉紧状态下的最小长度（mm）	1400	1800	2000	2600

（2）滑轮应部件齐全、转动灵活。发现下列情况之一者不得使用：

1）吊钩吊环变形。

2）槽壁磨损超过其厚度的 10%。

3）槽底磨损深度大于 3mm。

4）轮缘裂纹、破损。

5）轴承变形或轴瓦磨损。

6）滑轮转动不灵。

（3）在受力方向变化较大的场合或在高处使用时应采用吊环式滑轮，如采用吊钩式滑轮，则必须对吊钩进行封口。

（4）使用开门式滑轮，必须将门扣锁好。

（5）滑轮组的钢丝绳不得产生扭绞。

七、放线滑车及特种滑车

1. 放线滑车

不论张力放线或非张力放线都需要使用放线滑车，它在放线及紧线过程中起支承导线、地线的作用。放线滑车属于定滑车，它根据需要悬挂在悬垂绝缘子串下方或横担的某个指定位置。

（1）分类。

1）放线滑车按支承导线、地线的不同分为导线放线滑车、地线放线滑车和光缆放线滑车。

2）导线放线滑车按轮数的不同分为单轮滑车、三轮滑车和五轮滑车，如图 2-13 所示。地线放线滑车仅有单轮滑车。

3）导线放线滑车由于构造的不同分为通轴式放线滑车和分轴可装配式放线滑车。

4）由于滑轮材料的不同分为钢轮、铝合金轮和 MC 尼龙轮。

（2）选择放线滑车的基本原则。

1）滑车的轮数应符合不同牵引方式的要求，如一牵一选择单轮、一牵二选择三轮、一

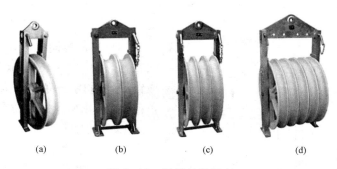

图 2-13　导线放线滑车

(a) 单轮滑车；(b) 双轮滑车；(c) 三轮滑车；(d) 五轮滑车

牵四选择五轮等。

2) 导线滑车轮槽的槽底直径应不小于导线直径的 20 倍，地线放线滑车轮槽的槽底直径应不小于镀锌钢绞线的 15 倍；复合光缆放线滑车轮槽的槽底直径应不小于光缆直径的 40 倍，且不小于 500mm。

3) 滑轮的槽深及槽底半径应符合 DL/T 685—1999《放线滑轮基本要求、检验规定及测试方法》的技术要求。

4) 采用张力放线的滑车，其结构尺寸应与牵引板（走板）相适应，并通过工艺性能试验。

5) 对滑轮材料的要求：支承导线和光缆的滑轮应采用铝合金或高强耐磨胶垫的铝轮或 MC 尼龙轮。支承钢绞线和牵引绳的滑轮用钢质或尼龙轮。不论选用何种材料，均以不损伤线缆且轻便为原则。

6) 滑车的允许承载力，应不小于作用在单个滑轮上垂直档距为 800～1000m 的相应线缆的重力，安全系数不应小于 3。

（3）使用放线滑车的注意事项。

1) 使用前应做外观检查，发现零件变形、滑轮转动不灵活、滑轮裂纹及破损、活门开启和关闭有困难的滑车，均不应使用。

2) 必要时应做滑车的摩阻力试验，摩阻系数应不大于 1.015。

3) 必要时应做承载力试验，允许承载力应根据使用的导线型号规格计算确定，也可以按厂方提供的额定负荷试验。

4) 应注意维护检修，定期注润滑油脂。

2. 特种滑车

在张力放线过程中，可能会为了满足某种特别需要而使用一些特种滑车。

（1）用于大跨越、大转角的双轮放线滑车，如图 2-14 所示。当导线截面积为 240～400mm² 时，双轮间距为 650～785mm；当导线截面积为 500～720mm² 时，间距为 960mm，额定负荷为 40～100kN。

（2）压线滑车，可用于钢丝绳、导线。滑轮材料用尼龙，适

图 2-14　双轮放线滑车

用于钢丝绳为 $\phi 20 \sim \phi 24$ 及导线为 LGJ - 400 型及以下规格，额定负荷为 20kN，如图 2 - 15 所示。

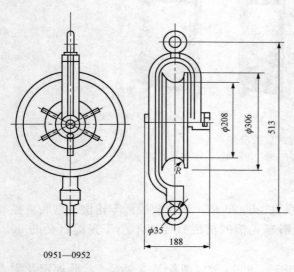

0951—0952

图 2 - 15　压线滑车（单位：mm）

钢丝绳的需要，安全系数应不小于 3。

（3）高速导向滑车，主要用于牵引场转向布置，如图 2 - 16 所示。滑轮材料用尼龙或铸铁，适用于钢丝绳为 $\phi 20 \sim \phi 24$，允许负荷为 140kN，本体质量为 38kg（尼龙）或 65kg（铸铁）。

（4）接地滑车，用于牵张机、张力机出口端的导地线或钢丝绳接地。通过一根软铜棒进行接地，可防静电，以保证人身安全。接地滑车采用钢或铝滑轮，如图 2 - 17 所示。

八、导线、地线及钢丝绳的夹线工具

导线、地线及钢丝绳的夹线工具分为导线卡线器、地线卡线器和钢丝绳卡线器三种，如图 2 - 18 所示。

1. 卡线器的技术要求

（1）抗拉强度应满足牵引导线、地线及

图 2 - 16　高速导向滑车

图 2 - 17　接地滑车

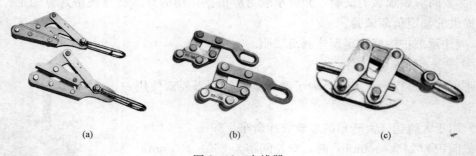

(a)　　　　　　　　(b)　　　　　　　　(c)

图 2 - 18　卡线器

(a) 导线卡线器；(b) 地线卡线器；(c) 钢丝绳卡线器

（2）卡线器能紧握导线、地线或钢丝绳。在导线、地线最大使用张力下，卡线器不滑动，不脱出，不损伤导线、地线及钢丝绳。

（3）轻便灵活，易于操作。

2. 导线卡线器（也称铝合金紧线夹具）

导线卡线器的技术要求应符合 GB 12167—2006《带电作业用铝合金紧线卡线器》的规定。

（1）卡线器在额定负荷下与反夹持的铝线应不产生相对滑移，不允许夹伤铝线表面。

（2）卡线器的主要零件应表面光滑，无尖边、毛刺、缺口、裂纹等缺陷。各部件连接应紧密可靠，开合夹口方便灵活，整体性好。

（3）卡线器的所有零件表面均应进行防腐蚀处理。

3. 使用卡线器的注意事项

（1）必须根据导线、地线或钢丝绳的型号和外径选择与之相匹配的卡线器型号，严禁以大代小或者以小代大。

（2）使用前，必须做卡线器握力试验，确保符合导线、地线牵拉张力时方可使用。

（3）安装卡线器时，导线、地线必须进入槽内，且将卡线器收紧。

（4）卡线器严禁超载使用，以防打滑。

（5）随着导线、地线的牵拉，卡线器尾部的导线、地线应理顺且收紧，防止导线、地线卡阻卡线器。

（6）卡线器滑脱易引发伤人事故，故卡线器在牵拉过程中的收线范围内禁止站人。

（7）导线、地线卡线器宜加备用保护钢丝绳套，防止滑脱。

（8）卡线器应有出厂合格证及产品说明书。发现有裂纹、弯曲、转轴不灵或钳口斜纹磨平等缺陷时，严禁使用。

九、双钩紧线器

双钩紧线器是用于收紧或松出钢丝绳、钢绞线的调节工具，简称双钩。它是线路施工中收紧临时拉线最常用的工具之一，如图 2 - 19 所示。

(a)　　　　　　　　　　　(b)

图 2 - 19　双钩紧线器
(a) 套式双钩；(b) 钢质双钩

由于使用材料的不同，有钢质双钩和铝合金双钩，前者应用较多。另外还有套式双钩，在收紧状态下，其长度较小，便于携带。

1. 双钩的型号及技术性能

双钩的型号及技术性能见表 2 - 7。

表 2 - 7   双钩的型号及技术性能

类别	型号	额定负荷（kN）	最大中心距（mm）	可调节距离（mm）	质量（kg）
钢质双钩	SJS-0.5	5	730	230	2.5
	SJS-1	10	840	280	3.5
	SJS-2	20	1030	330	3.8
	SJS-3	30	1350	460	5.7
	SJS-5	50	1440	500	8.1
	SJS-8	80	1660	580	8.5
套式双钩	SJST-1	10	700	290	2.5
	SJST-2	20	780	330	3.0
	SJST-3	30	950	430	4.2
	SJST-5	50	1050	450	7.1

2. 使用双钩的注意事项

（1）双钩应经常润滑保养。运输途中或不用时，应将其收缩至最短限度，防止丝扣碰伤。

（2）双钩的换向爪失灵、螺杆无保险螺栓、表面裂纹或变形等严禁使用。

（3）使用时应按额定负荷控制拉力，严禁超载使用。

（4）双钩应只承受拉力，不得代替千斤顶使其承受压力。

（5）使用、搬运等作业严禁抛掷，从杆塔上拆除后应用麻绳绑牢送至地面。

（6）双钩收紧后要防止因钢丝绳自身扭力使双钩倒转，一般应将双钩上下端用钢丝绳套绑死。

（7）双钩收紧后，丝杆与套管的端头连接长度不应小于 50mm，尤其是套式双钩应注意结合长度，防止突然松脱。

第三节 安 全 用 具

一、安全用具的作用和分类

1. 安全用具的作用

在电力系统中，根据不同工种（岗位）人员岗位工作的需要，确保完成任务且不发生生产事故，操作工人必须携带并使用各种安全用具。在输配电线路工程作业中，作业人员离不开登高用安全用具。在带电的电气设备上或临近带电设备的地方工作时，为了防止工作人员触电或被电弧灼伤，需使用绝缘安全用具等。所以，安全用具是防止触电、坠落、电弧灼伤等生产事故，保障工作人员安全的各种专用工具，这些工具在作业中是必不可少的。

2. 安全用具的分类

安全用具可分为绝缘安全用具和一般防护安全用具两大类。绝缘安全用具又分为基本安全用具和辅助安全用具两类。

（1）绝缘安全用具。

1）基本安全用具。是指绝缘强度大，能长时间承受电气设备的工作电压，能直接用来操作带电设备或接触带电体的用具。属于这一类的安全用具有绝缘棒、高压验电器、绝缘夹钳等。

2）辅助安全用具。是指绝缘强度不足以承受电气设备或线路的工作电压，而只能加强基本安全用具的保安作用，用来防止接触电压、跨步电压、电弧对操作人员伤害的用具。不能用辅助安全用具直接接触高压电气设备的带电部分。属于这一类的安全用具有绝缘手套、绝缘靴、绝缘垫、绝缘台等。

（2）一般防护安全用具。是指本身没有绝缘性能，但可以起到防护工作人员发生事故的用具。这种安全用具主要用作防止检修设备时误送电，防止工作人员走错间隔、误登带电设备，保证人与带电体之间的安全距离，防止电弧灼伤、高处坠落。这些安全用具尽管不具有绝缘性能，但对防止工作人员发生伤亡事故是必不可少的。属于这类的安全用具有携带式接地线、个人保安线、防护眼镜、安全帽、安全带、标示牌、临时遮栏等。此外，登高用的梯子、脚扣、升降板等也属于这类安全用具。

二、基本安全用具

1. 绝缘棒

绝缘棒又称为绝缘杆、操作杆，如图 2-20 所示。

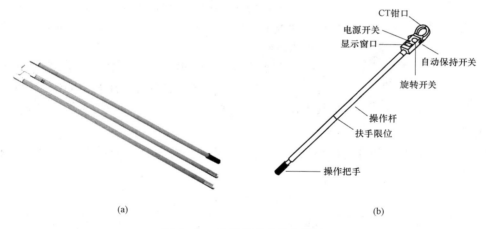

图 2-20 绝缘棒的实物和结构
（a）实物图；（b）结构图

（1）主要用途。绝缘棒用来接通或断开带电的高压隔离开关、高压跌落式开关，安装和拆除临时接地线以及进行带电测量和试验工作。

（2）结构及规格。绝缘棒主要由工作部分、绝缘部分和握手部分构成。

1）工作部分一般由金属或具有较大机械强度的绝缘材料（如玻璃钢）制成，一般不宜过长。在满足工作需要的情况下，长度不应超过 5～8cm，以免操作时发生相间或接地短路。

2）绝缘部分和握手部分是用浸过绝缘漆的木材、硬塑料、胶木等制成的，两者之间由护环隔开。绝缘棒的绝缘部分须光洁、无裂纹或硬伤，其长度根据工作需要、电压等级和使用场所而定，如 110kV 以上电气设备使用的绝缘棒，其长度部分为 2～3m。

3）为了便于携带和保管，往往将绝缘棒分段制作，每段端头有金属螺栓，用以相互镶接，也可以用其他方式连接，使用时将各段接上或拉开即可。

（3）使用和保管注意事项。

1）使用绝缘棒时，工作人员应戴绝缘手套和穿绝缘靴（鞋），以加强绝缘棒的保安作用。

2）在下雨、下雪天使用绝缘棒操作室外高压设备时，绝缘体应有防雨罩，以便罩下部分的绝缘棒保持干燥。

3）绝缘棒在保管时应注意防止受潮。一般应放在特制的架子上或垂直悬挂在专用挂架上，以防止弯曲变形。

4）绝缘棒不得直接与墙或地面接触，防止碰伤其绝缘表面。

（4）检查与试验。

1）绝缘棒一般应每三个月检查一次，检查时要擦净表面，检查有无裂缝、机械损伤、绝缘层损坏。

图 2-21　绝缘夹钳

2）绝缘棒一般每年必须试验一次，试验不合格的绝缘棒要立即报废销毁，不可降低标准使用，更不可与合格绝缘棒放在一起。

2. 绝缘夹钳

（1）主要用途。绝缘夹钳是用来安装和拆卸高压熔断器或执行其他类似工作的工具（见图 2-21），主要用于 35kV 及以下的电力系统。

（2）主要结构。绝缘夹钳由工作钳口、绝缘部分（钳身）和握手部分（钳把）组成。各部分所用材料与绝缘棒相同，只是其工作部分是一个夹钳，并有一个或两个管型的钳口，用以夹紧熔断器。

其绝缘部分和握手部分的最小长度不应小于表 2-8 中的规定，这主要根据电压和使用场所而定。

表 2-8　　　　　　　　　　　　　　　绝缘夹钳的最小长度

电压（kV）	户内设备用		户外设备用	
	绝缘部分（m）	握手部分（m）	绝缘部分（m）	握手部分（m）
10	0.45	0.15	0.75	0.20
35	0.75	0.20	1.20	0.20

（3）使用和保管注意事项。

1）绝缘夹钳上不允许装接地线，以免在操作时，由于接地线在空中晃动而造成接地短路和触电事故。

2）在潮湿天气只能使用专用的防雨绝缘夹钳。

3）作业人员工作时，应戴护目眼镜、绝缘手套和穿绝缘靴（鞋）或站在绝缘台（垫）上，手握绝缘夹钳要精力集中并保持平衡。

4）绝缘夹钳要保存在专用的箱子或匣子中，以免受潮和磨损。

（4）试验与检查。绝缘夹钳与绝缘棒一样，应每年试验一次，其耐压试验标准见表2-9。

表 2-9　　　　　　　　　　　　　　绝缘夹钳耐压试验标准

名称	电压等级（kV）	周期	交流耐压（kV）	时间（min）
绝缘夹钳	35 及以下	每年一次	3 倍线电压	5
	110		260	
	220		400	

3. 高压验电器

验电器又称为测电器、试电器或电压指示器，它分为高压和低压两类。高压验电器如图2-22所示。

根据所使用的工作电压，高压验电器一般分为10、35、110、220kV等多个电压等级。

（1）用途。验电器是检验电气设备是否有电的一种专用工具，在停电检修时，用验电器对检修设备验电是不可缺少的安全检查措施。

（2）结构。验电器可分为指示器和支持器两部分。

1）指示器是一个用绝缘材料制成的空心管，管的一端装有金属制成的工作触头，管内装有一个氖灯和一组电容器；在管的另一端装有一金属接头，用于将管连接在支持器上。

2）支持器是用胶木或硬橡胶制成的，分为绝缘部分和握手部分（握柄），在两者之间装有一个比握柄直径稍大的隔离护环。

（3）使用注意事项。

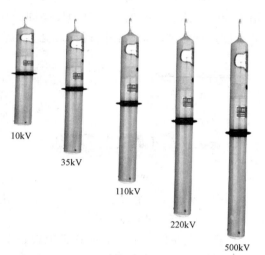

图 2-22　高压验电器

1）必须选用与被验电设备电压等级一致的合格验电器。验电的操作顺序是：在验电前，应将验电器在带电的设备上验电，以验证验电器是否良好，然后在已停电的设备进出线两侧逐相验电。当验明无电后，再将验电器在带电设备上复核一次，看其是否良好。

2）验电时，应戴绝缘手套，验电器应逐渐靠近带电部分，直到氖灯发亮为止，验电器不应立即直接触及带电部分。

3）验电时，验电器不应安装接地线，除非在木梯、木杆上验电，不接地不能指示者，才安装接地线。

4）验电器用后应存放在匣内，置于干燥处，避免积灰和受潮。

（4）检查和试验。

1）每次使用前都必须认真检查，主要检查绝缘部分有无污垢、损伤、裂纹；检查指示氖灯是否损坏、失灵。

2）对高压验电器应每年试验一次，一般验电器试验分发光电压试验和耐压试验两部分，试验标准见表2-10。

表2-10 验电器的试验标准

验电器额定电压（kV）	发光电压试验		耐压试验			
	氖气管起辉电压（kV）	氖气管清晰电压（kV）	接触端和电容器引出端之间		电容器引出端和护环边界之间	
			试验电压（kV）	试验时间（min）	试验电压（kV）	试验时间（min）
10及以下	2.0	2.5	25	1	40	5
35及以下	8.0	10	35	1	105	5

4. 低压验电器

低压验电器又称为低压电笔或验电笔。

（1）用途。这是检验低压电气设备、电器或线路是否带电的一种工具，也可以用它来区分相线和中性线。试验时氖管灯泡发亮即为相线。此外还可以用它来区分交、直流电，当交流电通过氖管灯泡时，两极附近都发亮；而直流电通过氖管时，仅有一个电极发亮。

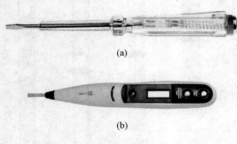

(a)

(b)

图2-23 低压验电器
(a) 螺丝刀式；(b) 钢笔式

（2）结构。低压验电器的结构如图2-23所示。在制作时为了工作和携带方便，常做成钢笔式或螺丝刀式。但不管哪种形式，其结构都相似，都是由高值电阻、氖管、弹簧、金属触头和笔身组成。

1）使用时，手拿验电笔，用一个手指触及金属部分，金属笔尖接触被检查带电部分，看氖管是否发亮。如果发亮，则说明被检查部分是带电的，并且灯泡越亮，表明电压越高。

2）验电笔在使用前、后应在带电设备上试验，以证明其良好。

3）低压验电笔并无高压验电器的绝缘部分，故绝不允许在高压电气设备或线路上进行试验，以免发生触电事故，只能在100～500V范围内使用。

三、辅助安全用具

1. 绝缘手套

（1）作用。绝缘手套是在高压电气设备上进行操作时使用的辅助安全用具，如用来操作高压隔离开关、高压跌落式开关、油开关等；在低压带电设备上工作时，把它作为基本安全用具使用，即使用绝缘手套可直接在低压设备上进行带电作业。绝缘手套可使作业人员的两手与带电体绝缘，是防止同时触及不同极性带电体而触电的安全用品，如图2-24所示。

（2）规格。绝缘手套都是用特种橡胶制成的，按试验电压分为12kV和15kV两种。

（3）使用及保管注意事项。

1）每次使用前应进行外部检查，查看表面有无损伤、磨损或破漏、划痕等。如有砂眼漏气情况，应禁止使用。

图2-24 绝缘手套

2）使用绝缘手套时，里面最好戴一双棉纱手套，这样夏天可防止因出汗而操作不便，冬天可以保暖。戴绝缘手套时，应将袖口放入手套的伸长部分。

3）绝缘手套使用后应擦净、晒干，最好撒上一层滑石粉，以免粘连。

4）绝缘手套使用后应存放在干燥、阴凉的地方，并倒置放在专用柜中。

2. 绝缘靴（鞋）

（1）作用。绝缘靴（鞋）的作用是使人体与地面绝缘。绝缘靴是高压操作时用来与地面保持绝缘的辅助安全用具，而绝缘鞋用于低压系统中，两者都可作为防护跨步电压的基本安全用具，如图 2-25 所示。

图 2-25 绝缘靴

（2）规格。绝缘靴（鞋）是由特种橡胶制成的，绝缘靴的规格有：37～41 号，靴高（230±10）mm；41～43 号，靴高（250±10）mm。

（3）使用及保管注意事项。

1）绝缘靴（鞋）不得当作雨鞋使用，其他非绝缘鞋不能代替绝缘靴（鞋）使用。

2）为使用方便，一般现场至少配备大、中号绝缘靴各两双。

3）绝缘靴（鞋）如试验不合格，则不能再穿用。

4）绝缘靴（鞋）在每次使用前必须进行外部检查，查看表面情况，如有砂眼漏气，应严禁使用。

5）绝缘靴（鞋）应存放在干燥、阴凉的地方，并放在专用柜中，与其他工具分开放置，其上不得堆压任何物件。

3. 绝缘垫

（1）作用。绝缘垫的作用与绝缘靴基本相同，因此可把它视为是一种固定的绝缘靴。绝缘垫一般铺在配电装置室等地面上以及控制屏、保护屏和发电机、调相机的励磁机等端处，以便带电操作开关时，增强操作人员的对地绝缘，避免或减轻发生单相短路或电气设备绝缘损坏时，接触电压与跨步电压对人体的伤害；在低压配电室地面上铺绝缘垫，可代替绝缘鞋，起到绝缘作用。因此在 1kV 及以下时，绝缘垫可作为基本安全用具；而在 1kV 以上时仅作辅助安全用具，如图 2-26 所示。

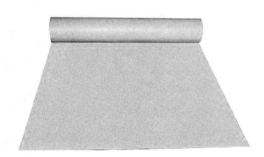

图 2-26 绝缘垫

（2）规格。绝缘垫也是用特种橡胶制成的。其表面有防滑条纹或压花，有时也称为绝缘毡。绝缘垫厚度有 4、6、8、10、12mm 五种，宽度常为 1m，长度为 5m，其最小尺寸不宜小于 0.75m×0.75m。

（3）使用及保管注意事项。

1）在使用过程中，应保持绝缘垫干燥、清洁，注意防止与酸、碱及各种油类物质接触，以免受腐蚀后老化、龟裂或变黏、降低其绝缘性能。

2）绝缘垫应避免阳光直射或锐利金属划刺，存放时应避免与热源（暖气等）距离太近，以防急剧老化变质，绝缘性能下降。

3）使用过程中要经常检查绝缘垫有无裂纹、划痕等，发现有问题时要立即禁止并及时更换。

（4）试验及标准。绝缘垫应每两年试验一次。

1）试验标准。在 1kV 及以上场所使用的绝缘垫，试验电压不低于 15kV。试验电压依其厚度的增加而增加；使用在 1kV 以下者，试验电压为 5kV，时间为 2min。

2）试验接线及方法。试验时使用两块平面电极板，电极距离可以调整，以调到与试验品能接触时为止。把一整块绝缘垫划分成若干等份，先试一块再试相邻的一块，直到所划等份全部试完为止。试验时先将要试的绝缘垫上下铺上湿布，布的大小与极板的大小相同，然后在湿布上下面铺好极板，中间不应有空隙，最后加压试验，极板的宽度应比绝缘垫宽度小 10～15cm。

四、防护安全用具

为了保证电力从业人员在生产中的安全和健康，除在作业中使用基本安全用具和辅助安全用具外，还应使用必要的防护安全用具，如安全带、安全帽、安全绳、护目镜等，这些防护用具是其他安全用具不能代替的。

1. 安全带

（1）作用。安全带是高处作业人员预防坠落伤亡的防护用品，它广泛用于发电、供电、火（水）电建设和电力机械修造部门。在架空输配电线路杆塔上进行施工安装、检修作业时，为防止作业人员从高空坠落，必须使用安全带，如图 2-27 所示。

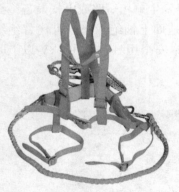

图 2-27　安全带

（2）类型和结构。安全带是由带子、绳子和金属配件组成的。根据作业性质的不同，其结构形式也有所不同，主要有围杆作业安全带、悬挂作业安全带两种。

（3）适用范围。围杆作业安全带适用于线路混凝土杆、钢管杆的杆上作业；悬挂作业安全带适用于建筑、安装等工作。

（4）材料。安全带和绳用锦纶、维尼纶、蚕丝等材料制作。但因蚕丝原料少、成本高，故目前多以锦纶为主要材料。围杆带可用黄牛革制作，金属配件用普通碳素钢或铝合金钢制作。

（5）质量标准。安全带的质量指标主要是破断强度，即要求安全带在一定静拉力试验时不破断为合格；在冲击试验时，以各配件不破断为合格。

（6）使用和保管注意事项。

1）安全带使用前，必须做一次外观检查，如发现破损、变质及金属配件有断裂者，应禁止使用，平时不用时，也应一个月做一次外观检查。

2）安全带应高挂低用或水平拴挂，高挂低用就是将安全带的绳挂在高处，人在下面工作；水平拴挂就是使用单腰带时，将安全带系在腰部，绳的挂钩挂在和带同一水平的位置，人和挂钩保持的距离等于绳长的距离。切忌低挂高用（低挂高用易导致二次伤害，特别是对腰椎的损伤），并应将活梁卡子系紧。

3）安全带在使用和存放时应避免接触高温、明火和酸类物质，以及有锐角的坚硬物体和化学药物。

4）安全带可放入低温水中，用肥皂轻轻擦洗，再用清水漂干净，然后晾干，不允许浸入热水中，以及在日光下曝晒或用火烤。

5）安全带上的各种部件不得任意拆掉，更换新绳时要注意加绳套，带子使用期限为3～5年，发现异常应提前报废。

（7）试验及标准。安全带的试验标准见表2-11。

表 2-11　　　　　　　　　　安全带的试验标准

名称		试验静拉力（N）	试验周期	外表检查周期	试验时间（min）
安全带	大皮带	2205	半年一次	每月一次	5
	小皮带	1470			

2. 安全帽

（1）作用。安全帽，是用来保护使用者头部或减缓外来物体冲击伤害的个人防护用品，广泛应用于电力系统生产、基建修造等工作场所，预防从高处坠落物体（器材、工具等）对人体头部的伤害。在架空线路安装及检修时，为防止杆塔上的人员与工具器材、构架相互碰撞而使头部受伤，或杆塔上工作人员失落的工具和器件击伤地面人员，高处作业人员及地面配合人员都应佩戴安全帽，如图2-28所示。

图 2-28　安全帽

（2）保护原理。安全帽对头颈部的保护基于两个原理：

1）使冲击载荷传递分布在头盖骨的整个面积上，避免打击一点。

2）头与帽顶空间位置构成一个能量吸收系统，起到缓冲作用，因此可减轻或避免伤害。

（3）结构。普通型安全帽主要由以下几部分构成：

1）帽壳。安全帽的外壳，包括帽舌、帽檐。帽舌位于眼睛上部的帽壳伸出部分，帽檐是指帽壳周围伸出的部分。

2）帽衬。帽衬是帽壳内部部件的总称，由帽箍、顶衬、后箍等组成。帽箍为围绕头围部分的固定衬带，顶衬为与头顶部接触的衬带，后箍为箍紧于后枕骨部分的衬带。

3）下颏带。为戴稳帽子而系在下颏上的带子。

4）吸汗带。包裹在帽箍外面的吸汗材料。

5）通气孔。使帽内空气流通而在帽壳两侧设置的小孔。

帽壳和帽衬之间有 2～5cm 的空间，帽壳呈圆弧形，如图 2 - 29 所示。帽衬可以做成单层的和双层的，双层的更安全。安全帽的质量一般不超过 400g。帽壳用玻璃钢、高密度低压聚乙烯（塑料）制作，颜色一般以浅色或醒目的蓝色、白色和浅黄色居多。

（4）技术性能。

1）冲击吸收性能。试验前按要求处理安全帽。用 5kg 重的钢锭自 1m 高处落下，打击木质头模（代替人头）上的安全帽，进行冲击吸收试验，头模所受冲击力的最大值不应超过 4.9kN。

2）耐穿透性能。用 3kg 重的钢锭自 1m 高处落下，进行耐穿透试验，钢锭不与头模接触为合格。

3）电绝缘性能。用交流 1.2kV 试验 1min，泄漏电流不应超过 1mA。

此外，还有耐低温、耐燃烧、侧向刚性等性能要求。冲击吸收试验的目的是观察帽壳和帽衬受冲击力后的变形情况；耐穿透试验用来测定帽壳强度，以了解各类尖物扎入帽内时是否对人体头部有伤害。安全帽的使用期限视使用状况而定。若使用、保管良好，可使用 5 年以上。

3. 携带型短路接地线

（1）接地线的作用。当对高压设备进行停电检修或其他工作时，接地线可防止设备突然来电和邻近高压带电设备产生感应电压对人体的危害，还可用以放尽断电设备的剩余电荷。接地线实物如图 2 - 29 所示。

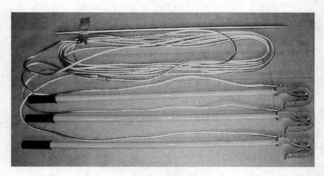

图 2 - 29　接地线

（2）组成。携带型短路接地线主要由以下几部分组成：

1）专用夹头（线夹）。有连接接地线到接地装置的专用夹头，连接短路线到接地线部分的专用夹头和短路线连接到母线的专用夹头。

2）多股软铜线。其中，相同的三根短的软铜线用于接三根相线，它们的另一端短接在一起；一根长的软铜线连接接地装置。多股软铜线的截面应符合短路电流的要求，即在短路电流通过时，铜线不会因产生高热而熔断，且应保持足够的机械强度，故该铜线截面积不得小于25mm²。铜线截面积的选择应视该接地线所处的电力系统而定。系统规模较大的，短路容量也大，这时应选择较大截面积的短路铜线。

（3）装拆顺序。接地线装拆顺序的正确与否很重要。装设接地线必须先接接地端，后接导体端，且必须接触良好；拆接地线的顺序与此相反。

（4）使用和保管注意事项。

1）使用时，接地线的连接器（线卡或线夹）装上后接触应良好，并有足够的夹持力，以防短路电流幅值较大时，由于接触不良而熔断或因电动力的作用而脱落。

2）应检查接地铜线和三根短接铜线的连接是否牢固，一般应将螺栓拴紧后，再加焊锡焊牢，以防因接触不良而熔断。

3）装设接地线前，必须验电。装设接地线必须由两人进行，装、拆接地线均应使用绝缘棒和戴绝缘手套。

4）接地线在每次装设以前应经过详细检查，损坏的接地线应及时修理或更换，禁止使用不符合规定的导线作接地线或短路线之用。

5）接地线必须使用专用线夹固定在导线上，严禁用缠绕的方法进行接地或短路。

6）每组接地线均应编号，并存放在固定的地点，存放位置也应编号。接地线号码与存放位置号码必须一致，以免在复杂的系统中进行部分停电检修时，发生误拆或忘拆接地线造成事故。

7）接地线和工作设备之间不允许连接隔离开关或熔断器，以防它们断开时，设备失去接地，使检修人员发生触电事故。

8）装设的接地线的最大摆动范围与带电设备的允许安全距离见表2-12。

表2-12　　　　　　　接地线的最大摆动范围与带电设备的允许安全距离

电压等级（kV）	户内/户外	允许安全距离（m）	电压等级（kV）	户内/户外	允许安全距离（m）
1~3	户内	7.5	20	户内	18
6	户内	10	35	户内	29
				户外	40
10	户内	12.5	60	户内	46
				户外	60

4.个人保安线

（1）个人保安线的作用。工作地段如有邻近、平行、交叉跨越及同杆架设线路，为防止停电检修线路上感应电压伤人，在需要接触或接近导线工作时，应使用个人保安线（见图2-30）。

（2）使用和保管注意事项。

1）保安线是个人的安全工具，不得作为它用。使用前应检查完好程度，如损坏，严禁继续使用，使用年限为3年。

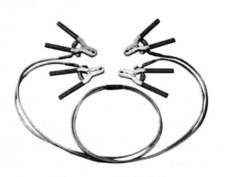

图2-30　个人保安线

2）个人保安线应在杆塔上作业人员接触或接近导线的作业开始前挂接，作业结束脱离导线后拆除。装设时，应先接接地端，后接导线端，且接触良好、连接可靠。拆卸个人保安线的顺序与此相反。

3）在工作票上应注明当天使用的个人保安线数量及编号。工作结束后，应核实拆除的个人保安线数量及编号，防止漏拆造成带保安线合闸事故。

图 2-31　临时遮栏

4）个人保安线应使用有透明护套的多股软铜线，截面积不得小于 $16mm^2$，且应带有绝缘手柄或绝缘部件。严禁以个人保安线代替接地线。

5. 临时遮栏

（1）作用。临时遮栏是用于防护工作人员意外碰触或过分接近带电体而造成人员触电事故的一种防护用具；也可作为工作地点与带电设备之间安全距离不够时的安全隔离装置。

（2）制作。临时遮栏可用干燥木材、橡胶或其他坚韧绝缘材料制成，不能用金属材料制作，高度至少应有 1.7m，应安置牢固，并悬挂"止步，高压危险！"的标示牌，如图 2-31 所示。

对于 35kV 及以下设备的临时遮栏，如因干燥特殊需要，可用绝缘挡板与带电部分直接接触，但此种挡板必须高度绝缘。

6. 脚扣

（1）基本结构。脚扣，又称铁脚，是攀登电杆的工具。它分为两种：一种在扣环上裹有橡胶，供登混凝土杆用，如图 2-32（a）所示；另一种是扣环上制有铁齿，供登木杆使用，如图 2-32（b）所示。脚扣攀登混凝土杆速度较快。

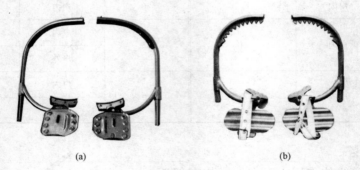

图 2-32　脚扣
(a) 混凝土杆用；(b) 木杆用

（2）使用方法。登杆方法容易掌握，具体使用方法介绍如下：

1）向上攀登。在地面套好脚扣，登杆时根据自身方便，可任意用一只脚向上跨扣（跨距大小根据自身条件而定），同时用与上跨脚同侧的手向上扶住混凝土杆。然后另一只脚再向上跨扣，同时另一只手也向上扶住混凝土杆，如图 2-33 中步骤 3 所示的上杆姿势。以后步骤重复，只需注意两手和两脚的协调配合，当左脚向上跨扣时，左手应同时向上扶住混凝土杆；当右脚向上跨扣时，右手应同时向上扶住混凝土杆。直到到达杆顶需要作业的部位。

2）杆上作业。

a. 操作者在混凝土杆左侧工作，此时操作者左脚在下、右脚在上，即身体重心放在左脚，以右脚辅助。估测好人体与作业点的距离，找好角度，系牢安全带即可开始作业（必须扎好安全腰带，并且要把安全带可靠地绑扎在电线杆上，以保证在高处作业时的安全）。

b. 操作者在混凝土杆右侧作业，此时操作者右脚在下、左脚在上，即身体重心放在右脚，以左脚辅助。同样估测好人体与作业点上下、左右的距离和角度，系牢安全带后即可开始作业。

图 2 - 33　运用脚扣登杆
示意图（上杆）

c. 操作者在混凝土杆正面作业，此时操作者可根据自身方便采用上述两种方式中的一种进行作业，也可以根据负荷轻重、材料大小采取一点定位，即两脚同在一条水平线上，用一只脚扣的扣身压扣在另一只脚的扣身上。这样做是为了保证杆上作业时的人体平稳。脚扣扣稳之后，选好距离和角度，系牢安全带后即可进行作业。

3）下杆。杆上工作全部结束，经检查无误后下杆。下杆可根据用脚扣在杆上作业的三种方式，首先解脱安全带，然后将置于混凝土杆上方侧的（或外边的）脚先向下跨扣，同时与向下跨扣之脚的同侧手向下扶住混凝土杆，然后将另一只脚向下跨扣，同时另一只手也向下扶住混凝土杆，如图 2 - 34 中步骤 1～2 所示下杆姿势。以后步骤重复，只需注意手脚协调配合往下即可，直至着地。

图 2 - 34　运用脚扣下杆
示意图（下杆）

为了安全，在登杆前必须对所用的脚扣进行仔细检查，检查脚扣的各部分有无断裂、锈蚀现象；脚扣皮带是否牢固可靠，脚扣皮带若损坏，不得用绳子或电线捆绑代替。在登杆前，应对脚扣进行人体载荷冲击试验。试验时必须单脚进行，当一只脚扣试验完毕后，再试第 2 只。试验方法简便，操作者只要按图 2 - 33 中步骤 1 所示，登一步混凝土杆，然后使整个人的重力以冲击的速度加在一只脚扣上。在试验后证明两只脚扣都没有问题，才能正式进行登杆。

运用脚扣上、下杆的每一步，必须先使脚扣环完全套入，并可靠地扣住混凝土杆，才能移动身体。此点要注意，否则容易造成事故。

脚扣试验压力要调大。定期对脚扣进行静压力试验时，应将试验压力提高。DL/T 469—1991《电业安全工作规程（电力线路部分）》中规定，脚扣试验静压力为 980N、时间为 5min，这个试验压力偏小。现在由于生活水平的不断提高，人的身材、体重都有较大增长，在上杆作业时要考虑人的体重、人上下杆的冲击力、杆上人员承受的材料重量等，故此试验压力就显偏小。为此应将试验压力数据调大，以避免使用脚扣登杆作业时发生断脚扣事故。

7. 登高板

(1) 登高板（见图 2-35），又称三角板、蹬板和踏板，是输配电线路作业人员攀登混凝土杆及杆上作业的一种工具。登高板由铁钩、麻绳、木板组成。铁钩至木板的垂直长度与使用人的高度相适应，一般以保持作业人员手臂长为宜。板是采用质地坚韧的木材制成的。绳采用 16mm 直径的三股白棕绳。登高板的木板和白棕绳均应能承受 300kg 质量，每半年要进行一次载荷试验，在每次登高前应做人员冲击试验。登高板的使用方法要掌握得当，否则发生脱钩或下滑，会造成人身伤亡事故。

图 2-35　登高板

(2) 登高板使用方法。

1) 向上攀登，其步骤如下：

a. 左手握住绳子上部，绕过混凝土杆，右手握住绕过来的铁钩，钩子开口应向上（开口向下绳子会滑出）；两只手同时用力将绳子向上甩（超过作业人员举手高度），左手的绳子套在右手的铁钩内，左手拉住绳子向下方用力收紧。把一只登高板钩挂在混凝土杆上，高度恰是操作者能跨上，把另一只登高板背挂在肩上。左手握左面绳子与木板相接的地方，将木板沿混凝土杆横向右前方推出，右脚向右前方跷起，踩在木板上；然后右手握住钩子下边的两根棕绳，并使大拇指顶住铁钩用力向下拉紧（拉得越紧，套在混凝土杆上的绳子越不会下滑）；左手将木板向左拉，并用力向下撅，左脚用力向上蹬跳，右脚应在木板上踩稳，人体向上登上登高板。操作者两手和两脚同时用力，使人体上升，待人体重心转到右脚，左手即应松去，并趁势立即向上扶住混凝土杆，左脚抵住混凝土杆；当人体上升到一定高度时，应松开右手，并向上扶住混凝土杆，且趁势使人体立直，接着使刚提上的左脚去围绕左边的棕绳。左脚绕过左面的棕绳后，站在登高板上两腿绷直（这样做人不容易向后倒，安全）。

b. 重复上述步骤，直到作业位置。

登杆过程中必须当作业人员在登高板上站稳后，才可以进行下一步操作。当人脚离开下面一只登高板时，需要把下面一只登高板解下，此时左脚必须抵住混凝土杆，以免人体摇晃不稳。左脚仍盘绕左边绳子站在登高板上。重复上述往上挂登高板的动作，一步一步向上攀登。要注意由于越往上混凝土杆越细，登高板放置的档距也应逐渐缩小些。

2) 杆上作业。

a. 在登高板上作业的站立姿势。两只脚内侧夹紧混凝土杆，这样登高板不会左右摆动摇晃。

b. 安全带束腰位置。刚开始学习当电工的人一般都喜欢把安全带束在腰部，但杆上作业时间一般较长，腰部难以承受，正确位置是束在腰部和臀部之间位置，这样不仅工作时间可长些，而且人的后仰距离也可更大，但安全带不能束得太松，以不滑过臀部为准。

c. 下杆。解脱安全带后在登高板上站好，左手握住另一只登高板的绳子，放置在腰部下方，右手接住铁钩绕过电线杆，在人站立着的登高板绳子与混凝土杆间隙中间钩住左手的绳子（要注意钩子的开口仍要向上），这时左手同时握住绳子和铁钩（可使绳子不滑出铁钩），并使这只登高板徐徐下滑；将左脚放在左手下方，左手左脚同时以最大限度向下滑，然后用左手将绳子收紧，用左脚背内侧抵住；左手握住上面登高板绳子的下方，同时右脚向下，右手沿着上面登高板右面绳子向下滑，并握住木板，左脚用力使人体向外，右脚踩着下面登高板，此时下面登高板已受力，可防止登高板自由下落；抽出左脚，盘住左面的绳子在登高板上站好，将上面登高板绳子向上晃动，使绳子与铁钩松动，登高板自然下滑，解下。重复上述步骤，逐级下移到地面。

3）运用登高板下杆具体步骤。作业人员从上板退下，使人体不断下降，并要使右脚能准确地踏到下面一只登高板。

a. 人体站稳在现用的一只登高板上，把另一只登高板铁钩挂在现用登高板下方，不要挂得太低，铁钩放置在腰部下方为宜。

b. 右手紧握现用登高板钩挂处的两根绳索，并用大拇指抵住挂钩，以防人体下降时登高板随之下降，左脚下伸，并抵住下方混凝土杆。同时，左手握住下一只登高板的挂钩处（不要使用已钩挂好的绳索滑脱，也不要抽紧绳索，以免登高板下降时发生困难），人体随左脚的下伸而下降，并使左手配合人体下降，把另一只登高板放下到适当位置。

c. 当人体下降到下一个板位置时，使左脚插入另一只登高板的两根棕绳和混凝土杆之间（即应使两根棕绳处在左脚的脚背上）。

d. 左手握住上面一只登高板左端绳索，同时左脚用力抵住混凝土杆，这样既可防止登高板滑下，又可防止人体摇晃。

e. 双手紧握上面一只登高板的两根绳索，使人体重心下降。

f. 双手随人体下降而下移紧握绳索位置，直至贴近两端木板，左脚不动，但要用力支撑住混凝土杆，使人体向后仰开，同时右脚从上一只登高板移下。

g. 当右脚稍一碰到而人体重量尚未完全降落到下一只登高板时，就应立即把左脚从两根棕绳内抽出（注意：此时双手不可松劲），并趁势使人体贴近混凝土杆站稳。

h. 左脚下移并准确绕过左边棕绳，右手上移且抓住上一只登高板铁钩下的两根棕绳。

i. 左脚盘住下面登高板左面的绳索站稳，双手解去上一只登高板铁钩下的两根棕绳；以后按上述步骤重复进行，直到人体着地为止。

综上所述，运用登高板或脚扣登杆，看似复杂，实则简便。用登高板登杆和下杆方便快捷，特别是在杆上作业，比较灵活舒适；可长时间的杆上作业，降低疲劳程度。而用脚扣登杆，登木杆要选用扣环上制有铁齿的脚扣；登混凝土杆要选用扣环上裹有橡胶的脚扣。同时，必须穿适合电线杆粗细的脚扣，而且登杆和下杆时需要调整脚扣大小。用脚扣时杆上作业易疲劳，特别是腿脚部，与用登高板相比较差。

五、安全色、安全标志

1. 安全色

根据国家电网公司发布的《国家电网公司电力安全规程》（试行）规定，安全色是传递安全信息的颜色，目的是使人们能够迅速发现或分辨安全标志和提醒人们注意，以防发生事故。安全色的应用必须以表示安全为目的，这与气瓶、母线、管道等涂以各种不同颜色是完全不同的。

（1）定义。安全色表达的是安全信息的颜色，如表示禁止、警告、指令、提示等。安全色规定为红、蓝、黄、绿四种颜色，其含义见表2-13。

表 2 - 13　　　　　　　　　　　　安全色的含义和用途

颜色	含义	用途举例
红色	禁止、停止	(1) 禁止标志；停止标志：机器、车辆上的紧急停止手柄和按钮；禁止人们触及的部位。 (2) 红色表示有电，也表示防火
蓝色	指令、规定	指令标志，如必须佩戴个人防护用具，道路上指引车辆和行人行驶方向
黄色	警告、注意	警告标志；警戒标志；警戒线，行车道中线，安全帽
绿色	提示、安全状态、通行	提示标志，车间内的安全通道，行人和车辆通行标志，消防设备和其他安全防护设备的位置

　　(2) 用途。安全色用于安全标志牌、交通标示牌、防护栏杆、机器上不准乱动的部位、紧急停止按钮、安全帽、吊车、升降机、行车道中线等。

　　2. 安全标志

　　(1) 定义。安全标志是由安全色、几何图形和图形符号构成的，用以表达特定的安全信息。

　　(2) 类别。安全标志分为禁止标志、警告标志、指令标志和提示标志四类。

　　1) 禁止标志。几何图形是带斜杠的圆环。

　　2) 警告标志。几何图形是正三角形。

　　3) 指令标志。其含义是必须遵守的意思，几何图形是圆形。

　　4) 提示标志。含义是示意目标的方向，几何图形是长方形，按长短边的比例不同，分为一般提示标志和消防提示标志。

第四节　绳　　　结

一、绳索各部位名称

一条绳索各部位的名称如下：

　　(1) 绳端，也称绳头，是指绳索的两个端头，用于打结的一端称为端头或环绕端；

　　(2) 弯曲的部分称作绳耳；

　　(3) 打结后形成的圆圈称作绳环；

　　(4) 绳端本是圆圈的则称作索眼；

　　(5) 除绳端、绳耳、绳环、索眼等部分以外的绳体的主要部分称作主绳。

　　绳结和绳扣利用绳索间摩擦力的拉力来拉紧或收紧绳尾，以达到固定的目的，一个好的绳结、绳扣必须是打法方便，不会脱落又容易解开。

二、吊板结

吊板结用于吊较长的工件，如建筑用板、角钢等，如图 2-36 所示。

三、钩头结

钩头结用于吊钩上绑牵引机械，如图 2-37 所示。

四、东帆索绕

东帆索绕是 19 世纪中叶以后，商船队或者海军经常使用的方法，通常用在较粗但不长

图 2-36　吊板结

的绳索上。其特点是能够可靠且简洁地将绳索捆绑起来，在必要时也可迅速解开。而在保管时，除可将其平放外，也可把它挂起来。

五、缩绳结

缩绳结用于收紧绳索，如图 2-38 所示。

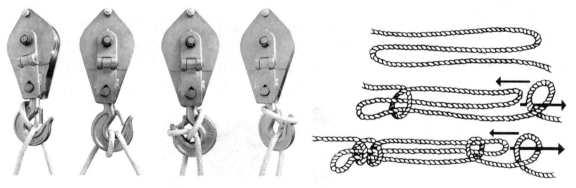

图 2-37　钩头结　　　　　　　　　　　　图 2-38　缩绳结

六、琵琶结

琵琶结，又称钢丝绳结。琵琶结常用作终端结扣，用来悬吊物件、拖拉设备和穿挂滑轮。此结扣打结部分扣牢后绳圈不会缩小，也容易解开。当高处作业人员受伤不能自行走下时，可采用软绳打此结绑胸部向下吊下，如图 2-39 和图 2-40 所示。

图 2-39　琵琶结操作方法

七、接绳结

接绳结是连接两条绳索时所用，打法简单，拆解容易，可适用于质材粗细不同的绳索，安全可靠程度较高。当两条绳索粗细不一时，打结时要先固定粗绳，然后再与细绳相连，如图 2-41 所示。

八、双结

用麻绳提吊较轻的物件时可以用双结，如图 2-42 所示。

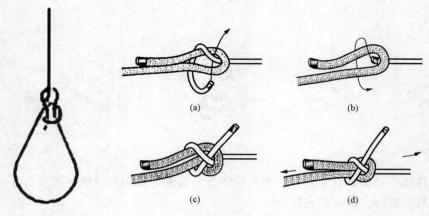

图 2-40　琵琶结　　　　　　　图 2-41　接绳结的操作方法

九、系木结

打一个半扣结之后，再把剩下的绳头在绳圈上缠绕 2～3 圈的结就是系木结；也有人称为樵夫结或乡人结。系木结的优点是简单牢固，不易散开；缺点是在需要考虑安全性的物品上，系木结不是最好的选择。应用系木结时，可以在完成后再加一个半扣结加强保障，适合用来搬运细长物体，如图 2-43 所示。

图 2-42　双结　　　　　　　　　　　图 2-43　系木结

图 2-44　倒背结

十、倒背结

倒背结又称系木结加半扣结。拖吊搬运细长圆柱体的物体时，倒背结的效果较好。此时可以先在物体前端打一个半扣结，然后在稍离开一段距离的地方再打系木结，两个结之间的距离越远越好，如图 2-44 所示。

十一、双套结

双套结广泛地应用于终端结扣，简单且实用。特别是在绳索两端受力均等时，双套结效果较好。双套结的结法有很多，图 2-45 所示是最常见的一种打法。

十二、拴马结

拴马结用于提吊较重工件，容易解开。此结的特点是越吊越紧、简单易解，如图 2-46 和图 2-47 所示。

十三、水手结

水手结主要用于提吊较重工具，自紧式，容易解开，如图 2-48 所示。

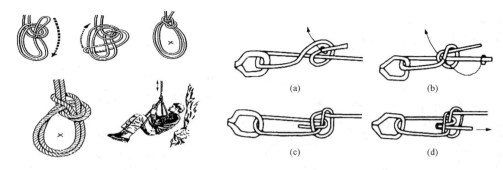

图 2-45 双套结　　　　　　图 2-46 拴马结操作方法

十四、终端搭回结

终端搭回结主要用于提吊较重工具，自紧式，容易解开，如图 2-49 所示。

十五、十字结

十字结用于两根绳头的连接，自紧式，使用后不易解开，如图 2-50 所示。

十六、杠棒结

杠棒结又称抬扣，用于提吊较重的工件。用麻绳抬运物体时可采用此结，自紧式，使用后容易解开，如图 2-51 所示。

图 2-47 拴马结

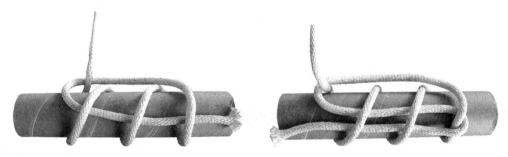

图 2-48 水手结　　　　　　图 2-49 终端搭回结

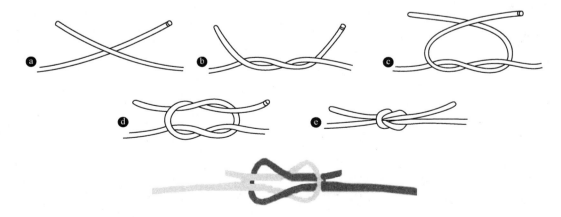

图 2-50 十字结的操作方法

十七、拔人扣

拔人扣用于紧急救护时，如图 2 - 52 所示。

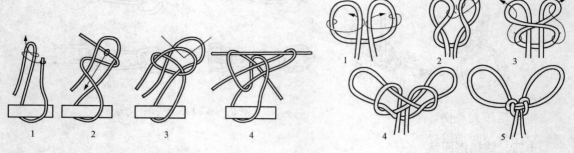

图 2 - 51　杠棒结的操作方法　　　　　　　图 2 - 52　拔人扣

第三章　输电线路施工实训项目

实训 1　触　电　急　救

在输配电线路工程作业现场，因违规作业、注意力不集中等原因导致触电、高处坠落、犬或蛇咬伤等人身伤害事故时有发生，需要所有作业人员掌握一定的现场急救知识和技能，能够对伤者及时加以处理，减轻伤痛，避免伤者伤情进一步恶化，给伤员得到医生的救护创造有利条件。

紧急救护法的基本原则是在现场采取积极措施，保护伤员的生命，减轻伤情，减少痛苦，并根据伤情需要，迅速与医疗急救中心（医疗部门）联系救治。急救成功的关键是动作快，操作正确。任何拖延和操作错误都会导致伤情加重或死亡。现场作业人员都应定期接受培训，学习紧急救护方法，如会正确解脱电源，会心肺复苏法，会止血、包扎，会转移搬运伤员，会处理急救外伤或中毒等。生产现场和经常有人工作的场所应配备急救箱，存放急救用品，并应指定专人对这些急救用品进行经常性检查、补充或更换。

作为紧急救护法的重要内容之一，触电急救要求每位员工都能够掌握。施救者要认真观察伤员全身情况，防止伤情恶化。发现伤员意识不清，瞳孔扩大无反应，呼吸、心跳停止时，应立即在现场就地抢救，用心肺复苏法支持呼吸和循环，对脑、心等重要脏器供氧。心脏停止跳动后，只有分秒必争地迅速抢救，救活的可能性才较大。在医务人员未接替救治前，不应放弃现场抢救，更不能只根据没有呼吸或脉搏的表现，擅自判定伤员死亡，放弃抢救。只有医生有权做出伤员死亡的诊断。与医务人员接替时，应提醒医务人员在触电者转移医院的过程中不得间断抢救。

一、工作任务

利用电脑心肺复苏模拟人完成触电急救操作，要求 1 人独立完成。

二、作业要求及危险点预控措施

1. 作业要求

（1）本项工作要求所有作业人员均能按照作业程序进行操作。

（2）1 人操作，1 人监护。

（3）触电者应迅速脱离电源，平置于通风处。

（4）应尽快呼救，同时判断触电者伤情，采取恰当的救治措施。

（5）口对口人工呼吸、胸前叩击、体外按压的频率、位置、方式正确，在未得到医护人员判定触电者生命体征状态前，不得停止救护操作。

（6）作业人员应具备必要的安全生产知识，熟悉《国家电网公司电力安全工作规程（电力线路部分）》相关内容，并经年度考试合格。

2. 危险点预控措施

（1）危险点一：触电者再次受到伤害。

预控措施：

1) 操作人员在使触电者脱离电源之前，应采取可靠措施切断电源，并将电源线挑离，确保操作区域安全，防止人员再次触电。

2) 防止触电者脱离电源后摔伤。

（2）危险点二：操作人员受到触电危害。

预控措施：

1) 操作人员不可用手、金属工具及潮湿的物体作为救护工具。

2) 操作人员在救护过程中要注意自身和被救者与附近带电设备间的安全距离。

3) 高处作业时，应防止发生高处坠落。

（3）危险点三：防止操作人员膝盖受伤。

预控措施：

操作人员跪在电脑心肺复苏模拟人前操作时，应在膝盖下垫上跪垫，防止膝盖损伤。

三、作业前准备

1. 工器具及材料选择

主要工器具及材料见表3-1。主要工器具如图3-1所示。

表 3-1　　　　　　　　　　触电急救实训工器具及材料表

序号	名　　称	规格型号	数量	备注
1	电脑心肺复苏模拟人	CPR230	1台	
2	数字秒表	PC660	1只	
3	医用棉签		1袋	
4	医用酒精		1瓶	
5	一次性CPR屏障消毒面膜		2片	
6	木棒		1根	干燥
7	金属杆		1根	
8	电线	2m及以上	1根	直

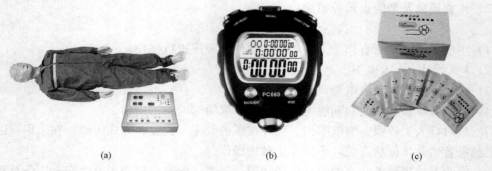

(a)　　　　　　　(b)　　　　　　　(c)

图 3-1　主要工器具

（a）电脑心肺复苏模拟人；（b）数字秒表；（c）一次性CPR屏障消毒面膜

2. 作业人员分工

触电急救人员分工见表3-2。

表 3-2 触 电 急 救 人 员 分 工

序号	工作岗位	人数	工 作 内 容
1	工作负责人	1	负责作业过程中的安全监督、工作中突发情况的处理、工作质量的监督
2	操作人员	1	负责触电急救操作

四、作业程序

作业程序依据 DL/T 692—2008《电力行业紧急救护技术规范》制定，触电急救操作流程如下：

1. 迅速脱离电源

（1）低压触电时使触电者脱离电源的方法如下，可任选一种操作，10s 内完成：

1）立即拉开电源开关或拔除电源插头，或用有绝缘柄的电工钳或有干燥木柄的斧头切断电线，断开电源。

2）用带有绝缘胶柄的钢丝钳、绝缘物体或干燥不导电物体等工具将触电者迅速脱离电源。

（2）发生高压触电时可采用下列方法之一使触电者脱离电源：

1）立即通知有关供电企业或用户停电。

2）戴上绝缘手套，穿上绝缘靴，用相应电压等级的绝缘工具按顺序拉开电源开关或熔断器。

3）抛掷裸金属线使线路短路接地，迫使保护装置动作，断开电源。

（3）触电者脱离电源以后，现场救护人员应迅速对触电者的伤情进行判断，通过触电者神智是否清醒、有无意识、有无呼吸、有无心跳（脉搏）等伤情对症抢救，同时设法联系医疗急救中心（医疗部门）的医生到现场接替救治。

注意事项：

（1）救护触电者时，要注意救护者和被救者与附近带电体之间的安全距离，防止再次触及带电设备。即使电源已断开，对未做安全措施并挂设接地线的设备也应视作带电设备。

（2）当触电者在杆塔上或高处时，救护者登高时应随身携带必要的绝缘工具和牢固的绳索等，并采取防止坠落的措施救下触电者。

（3）如事故发生在夜间，应设置临时照明灯，以便于抢救，避免意外事故的发生。

2. 脱离电源后的处理

（1）判断触电者意识，10s 内完成下列操作：

1）轻轻拍打触电者肩膀，高声呼唤触电者名字。拍打肩部不可用力太大，以防加重可能存在的骨折等损伤。

2）无反应时，立即用手指甲掐压人中穴、合谷穴约 5s。触电者如出现眼球活动、四肢活动及疼痛感，应立即停止掐压穴位。

3）呼救。一旦初步确定触电者神志昏迷，应立即呼叫周围的其他人员前来协助抢救。因为单人做心肺复苏术不可能坚持较长时间，而且劳累后动作易走样。叫来的人除协助做心肺复苏外，还应立即打电话给救护站或呼叫受过救护训练的人前来帮忙。

（2）摆好触电者体位，5s 内完成下列操作：

1）使触电者仰卧于硬板床或地上，头、颈、躯干平卧无扭曲，双手放于两侧躯干旁，如图 3-1（a）所示。如触电者摔倒时面部向下，调整触电者体位时要注意保护颈部，可以一手托住颈部，另一手扶着肩部，使触电者头、颈、胸平稳地直线转至仰卧，在坚实的平面上，四肢平放，如图 3-1（a）所示。

2）解开触电者上衣，暴露胸部（或仅留内衣），天冷时要注意使其保暖。

（3）通畅呼吸道，5s 内完成下列操作：

1）采用仰头抬颌法通畅气道。用一只手置于触电者前额，另一只手的食指与中指置于下颌骨近下颌处，两手协同使头部后仰 90°。

2）迅速清除口腔异物，2s 内完成。当发现触电者呼吸微弱或停止时，应立即通畅触电者的呼吸道（气道），以促进触电者呼吸或便于抢救。通畅气道主要采用仰头抬颌法，即一手置于前额使头部后仰，另一手的食指与中指置于下颌骨近下颌或下颌角处，抬起下颌。

3）动作熟练，速度快。

注意事项：

（1）严禁用枕头等物垫在触电者头下。

（2）手指不要压迫触电者颈前部、颏下软组织，以防压迫气道；颈部上抬时不要过度伸展，有假牙托者应取出。儿童颈部易弯曲，过度抬颈反而使其气道闭塞，因此不要抬颈牵拉过度。成人头部后仰程度应为 90°，儿童头部后仰程度应为 60°，婴儿头部后仰程度应为 30°，颈椎有损伤的伤员应采用双下颌上提法。

（3）用食指清除口腔中沙土、血块等异物。

3. 呼吸、心跳情况的判定

（1）判断触电者呼吸，10s 内完成下列操作：

1）看。看触电者的胸部、腹部有无起伏动作，3～5s 完成。

2）听。用耳贴近触电者的口鼻处，听有无呼气声音，可与"看"同时进行。

3）试。用颜面部的感觉测试口鼻有无呼气气流，也可用毛发等物放在口鼻处测试，3～5s 完成。在通畅呼吸道后，保持开放气道位置，用"看、听、试"的方式判断触电者是否有呼吸。有呼吸者，注意保持气道通畅；无呼吸者，立即进行口对口人工呼吸。

（2）判断触电者有无脉搏，10s 内完成操作：

1）在检查触电者的意识、呼吸、气道之后，应对触电者的脉搏进行检查，以判断触电者的心脏跳动情况。在开放气道的位置下进行（首次人工呼吸后），一手置于触电者前额，使其头部保持后仰，另一手在靠近触电者一侧触摸颈动脉。

2）可用食指及中指指尖先触及气管正中部位，男性可先触及喉结，然后向两侧滑移 2～3cm，在气管旁软组织处轻轻触摸颈动脉搏动。触摸颈动脉不能用力过大，以免推移颈动脉，妨碍触及；不要同时触摸两侧颈动脉，以免造成头部供血中断；不要压迫气管，以免造成呼吸道阻塞；检查时间不要超过 10s。

3）综合触电者情况判定：触及波动，有脉搏、心跳；未触及波动，心跳已停止。如无意识，无呼吸，瞳孔散大，面色紫绀或苍白，再加上触不到脉搏，可以判定心跳已经停止。婴、幼儿因颈部肥胖，颈动脉不易触及，可检查肱动脉。肱动脉位于上臂内侧腋窝和肘关节之间的中点，用食指和中指轻压在内侧，即可感觉到脉搏。

注意事项：

（1）触摸颈动脉不能用力过大，以免推移颈动脉。

（2）不要同时触摸两侧颈动脉，以免造成头部供血中断。

（3）不要压迫气管，以免造成呼吸道阻塞。

4. 口对口（鼻）人工呼吸两次

（1）保持气道通畅，用手指捏住触电者鼻翼，连续吹气两次，每次 1s 以上。

（2）当判断触电者确实不存在呼吸时，应立即进行口对口（鼻）人工呼吸 2 次，其具体方法是：

1）在保持呼吸通畅的位置下进行。用按于前额一手的拇指与食指，捏住触电者鼻孔（或鼻翼）下端，以防气体从口腔内经鼻孔逸出，施救者深呼一口气屏住并用自己的嘴唇包住（套住）触电者微张的嘴。

2）用力快而深地向触电者口中吹（呵）气，换气的同时仔细地观察触电者胸部有无起伏。如无起伏，说明气未吹进，则气道通畅不够，或鼻孔处漏气，或吹气不足，或气道有梗阻。

3）一次吹气完后，应立即与触电者口部脱离，轻轻抬起头部，面向触电者胸部，吸入新鲜空气，以便做下一次人工呼吸；同时使触电者的口张开，捏鼻的手也可放松，以便触电者从鼻孔通气，观察触电者胸部向下恢复时，有气流从伤员口腔排出。

成人每次吹气量在 1200mL 左右，儿童吹气量约为 800mL，以胸廓能上抬时为宜。口对鼻的人工呼吸，适用于有严重的下颌及嘴唇外伤、牙关紧闭、下颌骨骨折等难以采用口对口吹气法的触电者。

5. 胸前叩击

胸前叩击，4s 内完成操作：手握空心拳，快速垂直击打触电者胸前区胸骨中下段 2 次，每次 1～2s，力量中等。

6. 现场心肺复苏 CPR

人工建立的循环方法有两种，即体外心脏按压（胸外按压）和开胸直接压迫心脏（胸内按压）。在现场急救中，采用的是体外心脏按压，应牢记掌握。

（1）触电者体位。触电者应仰卧于地上或硬板上。硬板长度及宽度应足够大，以保证按压胸骨时，触电者身体不会移动。

（2）按压位置。

1）首先触及触电者上腹部，食指及中指沿触电者肋弓下缘向中间移滑，找到肋骨和胸骨接合处的中点，寻找胸骨下切迹，两手指并齐，中指放在切迹中点（剑突底部），食指平放在胸骨干部，另一只手的掌根紧挨食指上缘，置于胸骨上，即为正确按压位置。

2）胸部正中、双乳头之间、胸骨的下半部即为正确的按压位置。

（3）按压姿势。

1）将定位之手取下，重叠将掌根放于另一手背上，两手手指交叉抬起，使手指脱离胸壁。

2）两臂绷直，双肩在触电者胸骨上方正中，靠自身重量垂直向下按压。

（4）按压用力方式。

1）平稳，有节律，不能间断。

2）不能冲击式地猛压。

3）下压及向上放松时间相等，下压至按压深度（成人触电者为 3.8～5cm，5～13 岁触电者为 3cm，婴幼儿触电者为 2cm），停顿后全部放松。

　　4）垂直向下用力。

　　5）手掌姿势正确。

　　6）放松时手掌根部不得离开胸壁。

　　（5）胸外心脏按压操作中常见的错误。

　　1）按压除掌根贴在胸骨外，手指也压在胸腔上，容易引起骨折（肋骨或肋软骨）。

　　2）按压定位不正确。按压定位点向下易使剑突受压折断而致肝破裂，向两侧易导致肋骨或肋软骨骨折，导致气胸、血胸。

　　3）按压用力不垂直，导致按压无效或肋软骨骨折，特别是摇摆式按压更易出现严重并发症。

　　4）抢救者按压时肘部弯曲，因而用力不够，达不到按压深度。

　　5）按压冲击式猛压效果差，且易导致骨折。

　　6）放松时抬手离开胸骨定位点，造成下次按压部位错误，引起骨折。

　　7）放松时未能使胸部充分松弛，胸部仍承受压力，使血液难以回到心脏。

　　8）按压速度不自主地加快或减慢，影响按压效果。

　　9）双手掌不是重叠放置，而是交叉放置。

　　（6）口对口人工呼吸。保持气道畅通，连续吹气两次，5s 内完成。具体操作同（5）所述。

　　安全措施注意事项：

　　（1）按压时除掌根贴在胸骨外，手指也压在胸腔上，以免引起骨折（胸骨或肋骨骨折）。

　　（2）防止按压位置不正确，以免造成剑突受压折断而致肝破裂，或肋骨和软肋骨骨折，导致气胸、血胸。

　　（3）防止按压用力不垂直，导致按压无效或肋软骨骨折，特别是摇摆式按压更易出现严重并发症。

　　（4）防止抢救者按压时肘部弯曲，以免按压力度不够，按压深度达不到 3.8～5cm。

　　（5）防止冲击式按压、猛压，导致按压效果差，甚至造成骨折。

　　（6）放松时防止抬手离开胸骨定位点，以免造成下次按压部位错误，引起骨折。

　　（7）放松时防止未能使胸部充分松弛，以免造成胸部仍承受压力，使血液难以回到心脏。

　　（8）防止按压速度不自地加快或减慢，以免影响按压效果。

　　（9）防止双手掌不是重叠放置，以免影响按压效果。

　　7. 抢救过程中的再判定

　　抢救过程中的再判定，10s 内完成以下操作：

　　（1）用看、听、试的方法对触电者的呼吸和心跳是否恢复进行再判定。

　　（2）口诉瞳孔、脉搏和呼吸情况。在实际进行人工心肺复苏时，应按压吹气 2min 后（相当于抢救时做了 5 组 30：2 按压吹气循环以上），再进行判断。

　　注意事项：

　　（1）吹气不能在向下按压心脏的同时进行。

　　（2）数口诀的速度应均衡，避免快慢不一。

（3）操作者应位于触电者侧面便于操作的位置，单人急救时应位于触电者的肩部位置；双人急救时，吹气人应位于触电者的头部附近，按压心脏者应位于触电者胸部、与吹气者相对的一侧。

（4）中断时间不超过 5s。

（5）第二抢救者到现场后，应首先检查颈动脉搏动，然后再开始做人工呼吸。如心脏按压有效，则应触及搏动；如没有触及，应观察心脏按压者的操作是否正确，必要时应增加按压深度及重新定位。

（6）可以由第三抢救者及更多的抢救人员轮换操作，以保持精力充沛、姿势正确。

五、相关知识

触电事故的发生多数是由于人直接碰到了带电体或者接触到因绝缘损坏而漏电的设备，站在接地故障点的周围也可能发生人员触电事故。触电可分为以下几种：

（1）人直接与带电体接触的触电事故。按照人体触及带电体的方式和电流通过人体的途径，此类事故可分为单相触电和两相触电。单相触电是指在地面或其他接地导体上，人体某一部分触及一相带电体而发生的事故。两相触电是指人体两处同时触及两带电体而发生的事故，其危险性较大。此类事故约占全部触电事故的 40% 以上。

（2）与绝缘损坏的电气设备接触的触电事故。正常情况下，电气设备的金属外壳是不带电的，当绝缘损坏而漏电时，触及到这些外壳，就会发生触电事故，触电情况与接触带电体一样。此类事故占全部触电事故的 50% 以上。

（3）跨步电压触电事故。当带电体接地有电流流入地下时，电流在接地点周围产生电压降，人在接地点周围两脚之间出现电压降，即造成跨步电压触电。

六、触电急救的基本原则

（1）迅速脱离电源。迅速脱离电源是救护触电者的关键。

（2）就地进行抢救。一旦触电者脱离电源，抢救人员必须在现场或附近就地救治触电者。

（3）准确进行救治。施行人工呼吸和胸外心脏按压时，动作必须准确，救治才会有效。

（4）救治要坚持到底。抢救要坚持不断，不可轻率中止。

实训 2 铁塔基础分坑测量

分坑是在线路复测工作结束后，由测量人员根据线路塔（杆）基础分坑手册，依据线路杆塔中心桩位置和线路前进方向，利用经纬仪、花杆、塔尺、皮尺、钢卷尺、木桩（铁钉）等测量工器具，将设计要求的基础坑口位置确定在杆塔位上，并钉出必要的辅助桩。

分坑是输配电线路施工中的测量类工作。测量是设计者使用必要工器具测绘建筑物或构筑物及其运行环境的数据，或是把设计者的要求在作业现场精确实现的必要手段。测量常用的工器具有经纬仪、花杆、塔尺、皮尺、钢卷尺、木桩（铁钉）等。

一、工作任务

要求作业人员在选定的操作场地，按照作业程序完成直线铁塔方形基础分坑测量工作。

二、作业要求及危险点预防措施

1. 作业要求

（1）本项工作为输配电线路施工、维护工作内容之一，要求作业人员按照作业程序操作。

（2）现场作业人员应正确穿戴合格的工作服、工作鞋、安全帽和绝缘手套。

（3）按工作任务要求选择工器具及材料。

（4）作业人员应具备符合本项作业要求的身体素质和技能水平，精神状态良好。

（5）必要时应在工作区范围设立标示牌或护栏。

（6）在工作中遇有 6 级以上大风以及雷暴雨、冰雹、大雾、沙尘暴等恶劣天气时，应停止工作。

（7）作业人员应具备必要的安全生产知识，熟悉《国家电网公司电力安全工作规程（电力线路部分）》相关内容，并经年度考试合格。

2. 危险点预防措施

（1）危险点一：滑倒摔伤。

预防措施：

1）工作前，仔细观察作业区域环境。

2）工作时，防止意外滑倒摔伤。

（2）危险点二：锤击砸伤。

预防措施：

1）作业人员应戴绝缘手套。

2）工作负责人应加强监护，随时纠正不规范或违章动作，防止出现锤击砸伤。

三、作业前准备

1. 工器具及材料选择

主要工器具及材料见表 3-3。主要工器具如图 3-2 所示。

表 3-3　　　　　　　　　　　触电急救实训工器具及材料表

序号	名称	规格型号	数量	备注
1	光学经纬仪		1 台	
2	函数计算器		1 个	
3	花杆（测钎）		3 根	
4	木桩		若干	
5	塔尺		1 根	
6	皮尺	50m	1 个	
7	钢卷尺	5m	1 个	
8	榔头		1 个	
9	记录本（笔）		1 个	

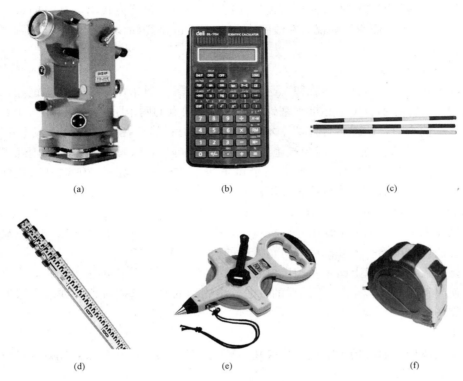

图 3-2 主要工器具

(a) 光学经纬仪；(b) 函数计算器；(c) 花杆；

(d) 塔尺；(e) 皮尺；(f) 钢卷尺

2. 作业人员分工

铁塔基础分坑测量人员分工见表 3-4。

表 3-4 铁塔基础分坑测量人员分工

序号	工作岗位	人数	工作内容
1	工作负责人	1	负责作业过程中的安全监督、工作中突发情况的处理、工作质量的监督
2	测量人员	1	负责测量操作
3	辅助作业人员	1	负责辅助测量操作人员

四、作业程序

铁塔基础分坑测量操作流程如下：

1. 工器具检查

操作人员应首先检查所需工器具质量、数量是否符合要求，应重点检查经纬仪的合格证，确保仪器按时送检且精度符合要求，并对仪器做外观检查，不得有损坏。

2. 架设经纬仪

(1) 操作人员在线路铁塔中心桩位上架设经纬仪，首先完成对中、调平、置零。"对中"是将仪器中心与中心桩对准，"调平"是将仪器调整水平，"置零"是将仪器读数归零。

（2）将仪器目镜照准前视方向桩（桩顶铁钉顶面处），并倒镜找出后视方向桩（桩顶铁钉顶面处），无误差，证明经纬仪架在线路中心桩上，也是经纬仪的工作基准位置。将经纬仪水平度盘归零。

3. 确定第一个基础坑口位置

操作人员将仪器顺时针方向旋转45°，根据线路分坑手册给出的数据，用钢卷尺（若尺寸太大则用皮尺）分别量出中心桩到基础坑口对角线顶点的两个距离，确定第一个铁塔基础坑口对角线的两个顶点位置，打入两个木桩并钉入铁钉；然后在对角线延长线上15m左右（不影响挖坑堆土等后续施工，避免被施工人员碰撞即可）打入辅助桩1个。用经过计算与坑口周长相等的细绳（或用皮尺）围着两个对角线顶点桩勾出坑口（细绳可绑扎好记号），并确定坑口另外两个对角线顶点位置，用白石灰画出坑口印记。

4. 确定其他3个基础坑口位置

（1）操作人员分好第一个铁塔基础坑口后，操作经纬仪倒镜，用确定第一个基础抗口位置的操作方法，分出第一个基础坑口对角方向的另一个基础坑口。

（2）操作人员分完以上两个基础坑口后，操作经纬仪重新照准前视方向桩，水平度盘归零，然后逆时针方向旋转45°，用同样的方法分出剩余的两个基础坑口。铁塔方形基础坑口位置确定完毕。

5. 工作终结

（1）全面清理作业现场，整理经纬仪并装箱，方法正确，收拢脚架，扣好脚扣皮带，作业现场不得有遗留物。

（2）准备终结工作票。

实训3　铁塔现浇混凝土基础施工

基础是杆塔的地下部分，承受杆塔及导地线系统传递下来的自重、风荷载、覆冰荷载、施工安装荷载及输配电线路运行中的不平衡张力及事故状态断线张力荷载等，并将其承受的荷载传递给周围的地基土。针对不同的地形、地质、交通运输条件，以及考虑与杆塔型式配合的因素，输配电线路的基础种类呈现出多样化特征。铁塔基础的种类非常多，其中现浇混凝土基础是一种主要的基础型式。现浇混凝土基础根据结构不同可分为直柱式、斜柱式等。为技能实训需要，本模块介绍直柱式基础施工。本模块为综合实训技能模块，以小组为单位完成实训和考核。

一、工作任务

完成铁塔现浇混凝土基础（直柱式）的钢筋绑扎、模板搭设及混凝土试块浇制。

二、作业要求和危险点预防措施

1. 作业要求

（1）本项工作为输配电线路施工工作内容之一，要求作业人员按照作业程序操作。

（2）现场作业人员应正确穿戴合格的工作服、工作鞋、安全帽和绝缘手套。

（3）按工作任务要求选择工器具及材料。

（4）作业人员应具备符合本项作业要求的身体素质和技能水平，精神状态良好。

（5）必要时应在工作区范围设立标示牌或护栏。

（6）现场作业人员尤其是坑底作业人员应随时观察坑壁状况，防止坑壁垮塌伤人。

（7）搭设作业架、绑扎立柱钢筋和支立模板时，作业人员应注意协调配合。

（8）在工作中遇有6级以上大风以及雷暴雨、冰雹、大雾、沙尘暴等恶劣天气时，应停止工作。

（9）作业人员应具备必要的安全生产知识，熟悉《国家电网公司电力安全工作规程（电力线路部分）》相关内容，并经年度考试合格。

2. 危险点预防措施

（1）危险点一：作业过程中，高处坠物伤人。

预防措施：作业人员的工具及零星材料应装入工具袋，防止坠物；安全员及现场作业人员均应观察坑壁状况，防止坑壁垮塌伤人；作业人员应正确戴安全帽，防止坠物伤人。

（2）危险点二：地脚螺栓损坏，影响组塔。

预防措施：铁塔现浇混凝土基础施工前，应用遮盖物保护地脚螺栓，以免螺栓损坏影响组塔。

三、作业前准备

1. 工器具及材料选择

主要工器具及材料见表3-5。主要工器具如图3-3所示。

表3-5　　　　触电急救实训工器具及材料表

序号	名称	规格型号	数量	备注
1	光学经纬仪		1台	
2	铁锹		若干	
3	花杆（测钎）		3根	
4	木桩		若干	
5	塔尺		1根	
6	皮尺	50m	1个	
7	钢卷尺	5m	1个	
8	榔头		1个	
9	记录本（笔）		1个	
10	锥形扳手		若干	
11	基础安装图		1套	
12	照相机		1台	
13	基础钢筋	20～22号	若干	
14	地脚螺栓		若干	
15	钢管及配件		若干	
16	模板	应符合基础尺寸	若干	
17	水泥、砂、石、水等		若干	

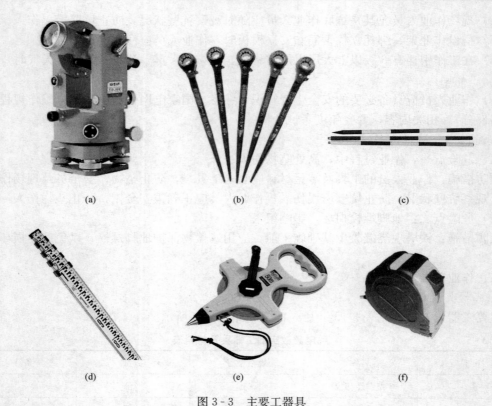

图 3-3　主要工器具

(a) 光学经纬仪；(b) 锥形扳手；(c) 花杆；(d) 塔尺；(e) 皮尺；(f) 钢卷尺

2. 作业人员分工

铁塔现浇混凝土基础施工人员分工见表 3-6。

表 3-6　　　　　　　铁塔现浇混凝土基础施工人员分工

序号	工作岗位	人数	工作内容
1	工作负责人	1	负责作业过程中的安全监督、工作中突发情况的处理、工作质量的监督
2	测量人员	1	负责测量操作
3	安全员	1	负责辅助测量操作人员
4	模板支撑人员	4	负责模板支撑
5	辅助人员	若干	辅助操作人员

四、作业程序

铁塔现浇混凝土基础施工操作流程如下：

1. 基础坑口操平、找正

(1) 现场工作前，由测量人员在线路中心桩位上架设好经纬仪，对中、调平。

(2) 校核线路中心桩。

(3) 校核基础坑口周围方向桩、辅助桩，应齐全、正确，否则应立即改正并重新打桩。

(4) 校核坑位。测量人员用经纬仪检查基础坑口位置、深度、标高等，应符合设计要求，否则应对基础坑口进行整修，修正基础坑口位置；清除基础坑口内浮土、碎石、淤泥，然后按程序进行基础施工工作。

2. 绑扎底板钢筋并支模

（1）使用经纬仪确定基础底板位置，即在基础坑口底部组装底板模板。

（2）校核基础底板对角线。基础底板的对角线与分坑时打入的基础坑口四角顶点桩（或辅助桩）对角线应相重合，四角均为直角；采用细纤维绳连接顶点桩（或辅助桩）桩顶铁钉，用垂球校核。

（3）绑扎底板钢筋。按设计要求绑扎底板钢筋，使用锥形扳手、20～22 号钢丝依序绑扎下板筋、支撑筋和上板筋，如图 3-4 所示。用支垫石子或混凝土块的方式调整好钢筋与模板的间距。

图 3-4 底板钢筋

（4）搭设底板台阶模板。根据设计对底盘和各台阶厚度（标高）的要求，依序搭设第一台阶甚至第二、三台阶（若有）模板并校核。浇制混凝土前，应在模板平整面上涂刷脱模剂。

3. 绑扎立柱钢筋并支模

（1）绑扎立柱钢筋。完成底板钢筋绑扎并支模后，继续绑扎立柱钢筋。立柱钢筋分主筋和箍筋，准备好立柱钢筋材料后，在基础坑口附近地面使用锥形扳手、20～22 号钢丝按设计要求尺寸进行绑扎。

（2）下立柱钢筋。将绑扎好的立柱钢筋吊入基础坑口，其下部置于底板钢筋上，并调整至合适位置。

（3）组装并固定立柱模板。组装模板前，平整面上应涂脱模剂；按设计要求将立柱模板组装为 4 片，可在地面组装，也可直接在立柱钢筋外组装；用钢管搭设立柱模板作业架，并将立柱模板组装完毕，依靠作业架固定起来，如图 3-5 所示。

（4）校正立柱模板位置。立柱模板对角线应与分坑时打入的基础坑口四角顶点桩（或辅助桩）对角线相重合，四角均为直角；采用细纤维绳连接顶点桩（或辅助桩）桩顶铁钉，用垂球校核；校正立柱模板位置，检查并处理模板接缝，防止漏浆；用支垫石子或混凝土块的方式调整好钢筋与模板的间距。

4. 固定地脚螺栓

（1）安装地脚螺栓。除去地脚螺栓浮锈，将地脚螺栓安装在十字架或其他辅助工具上，根据设计要求的尺寸调整好地脚螺栓间距。将安装在十字架上的地脚螺栓放入立柱钢筋笼，十字架置于立柱模板上沿。

（2）找正并固定地脚螺栓，如图 3-6 所示。地脚螺栓对角线应与分坑时打入的基础坑口四角顶点桩（或辅助桩）的立柱模板对角线相重合，地脚螺栓连线四角均为直角；采用细纤维绳连接顶点桩（或辅助桩）桩顶铁钉，用垂球校核并找正地脚螺栓；地脚螺栓找正时也可依据事先打好的井字桩（是辅助桩，井字桩应牢固，并且各桩顶应在同一平面上，井字线应拉紧，并用经纬仪再次操平，保证地脚螺栓几何尺寸完全符合设计要求），在井字桩之间用细纤维绳拉成井字，用井字线将地脚螺栓及基础模板找正，使跟开、对角线及地脚螺栓之间的尺寸符合设计要求。用钢丝或卡具将十字架固定在立柱模板上，因固定地脚螺栓可能会导致立柱模板位移，故应用垂球复核立柱模板和地脚螺栓位置。

图 3-5　立柱模板

图 3-6　固定地脚螺栓

5. 浇制混凝土基础和试块

钢筋绑扎并支模后，若需进行现场浇制，则用人工或搅拌机将水泥、砂、石、水按调整好的配合比（在设计要求的配合比基础上，根据现场使用的水泥、砂、石、水进行调整）下料，搅拌均匀（使用搅拌机需按规定的搅拌时间）后开始混凝土浇筑，每浇筑一层，认真捣振一次，防止出现蜂窝、麻面、露筋现象。

根据规程要求，浇筑中按浇筑方量，直线塔每 5 基取混凝土试块 1 组，转角塔每 1 基取混凝土试块 1 组。在试块模板盒内表面涂刷脱模剂，将搅拌好的混凝土浇入模板盒内，用灰刀进行适当插捣，用灰刀抹平完成混凝土试块浇制。试块的养护应符合《钢筋混凝土工程施工及验收规范》（建标〔2002〕63 号），养护期结束后送压力试验室进行混凝土强度检测。

图 3-7　拆除模板后的基础情况

6. 拆模

养护期结束后，依序拆除模板，按照《钢筋混凝土工程施工及验收规范》的要求用土回填基础坑口并分层夯实。

质量检查员应对现场浇筑工作从始到终全方位监督，对基础钢筋绑扎情况，水泥、砂、石、水的比例、搅拌、浇制情况，拆除模板后的基础情况进行质量检查，并对拆除模板后的基础情况进行拍照备查，如图 3-7 所示。

7. 工作终结

（1）全面清理作业现场，整理经纬仪并装箱，方法正确，收拢脚架，扣好脚扣皮带。

（2）准备终结工作票。

实训 4　内拉线抱杆分解组立铁塔

内拉线抱杆分解组立铁塔如图 3-8 所示，抱杆由朝天滑车、朝地滑车及抱杆本身组成。在抱杆两端设有连接拉线系统和承托系统用的抱杆帽和抱杆底座。朝天滑车连接于抱杆帽，其主要作用是穿过起吊绳以提升铁塔塔片并将起吊重力轴向传递给抱杆。抱杆顶用四根上拉线固定，上拉线的另一端固定于已经组立好的塔段的主材节点上，抱杆根部位为悬浮式，靠四条承托绳固定在主材上；抱杆顶上布置的滑车为单滑车或双滑车，由此将内拉线抱杆组塔施工分为单吊法、双吊法。本方法的优点是组塔工具比外拉线抱杆组塔少、简单，组塔过程中由于抱杆的固定方式使得四个腿基础均匀受力，此方法不受地形限制；缺点是高处作业量大，不适宜酒杯塔等大塔头塔型。

图 3-8　内拉线抱杆分解组立铁塔

一、工作任务

完成内拉线抱杆分解组立直线铁塔塔腿段及塔腿上段。

二、作业要求及危险点预防措施

1. 作业要求

（1）本项工作为输配电线路施工工作内容之一，要求作业人员按照作业程序操作。

（2）现场作业人员应正确穿戴合格的工作服、工作鞋、安全帽和绝缘手套。

（3）按工作任务要求选择工器具及材料。

（4）作业人员应具备符合本项作业要求的身体素质和技能水平，精神状态良好。

（5）必要时应在工作区范围设立标识牌或护栏。

（6）登杆塔前，应认真核对停电线路名称、杆号，检查是否与工作票及派工单（作业任务单）上相符。

（7）登塔时作业人员的手应抓住主材，塔上作业及转位时不得失去安全带的保护。

（8）杆塔上作业所需的工器具及材料，必须使用绳索传递，不得抛掷；在使用吊绳上下传递物件时，吊绳的两端应分别在操作者的两侧，以免吊绳在使用过程中发生缠绕。

（9）抱杆上、下拉线，临时拉线，控制绳（风绳）应搭设牢固，作业时应听从指挥、协调统一。

（10）在工作中遇有 6 级以上大风以及雷暴雨、冰雹、大雾、沙尘暴等恶劣天气时，应停止工作。

（11）作业人员应具备必要的安全生产知识，熟悉《国家电网公司电力安全工作规程（电力线路部分）》相关内容，并经年度考试合格。

2. 危险点预防措施

（1）危险点一：塔上作业及转位过程中，高处坠落。

预防措施：

1）塔上作业人员在作业及转位过程中不得失去安全带的保护。

2）塔上人员移动位置时，必须站在连接、紧固好的塔材构件上操作。

3）加强作业过程的监护。

（2）危险点二：作业过程中，高处坠物伤人。

预防措施：

1）塔上作业人员避免工具、塔材、螺栓等坠落。

2）主材通过抱杆吊上塔后，高空组装人员通过控制绳将主材慢慢调整到安装位置，上段主材和包钢连接固定好螺栓后，地面人员才能慢慢松绳。

3）第一段塔材组装完毕后，螺栓未紧固前，不得进行下一段的吊装工作。

4）塔材需扩孔、切角时（扩孔、切角后应刷灰漆），应放在地面进行。

5）起吊时，吊件下方、牵引绳内角严禁站人。起吊主材时，注意抱杆受力变化或抱杆转向。

6）提升抱杆时四角操作人员应听从指挥、密切配合，到位后固定锁好。

7）加强作业过程的监护。

三、作业前准备

1. 工器具及材料选择

主要工器具及材料见表 3-7。主要工器具如图 3-9 所示。

表 3-7　内拉线抱杆分解组立直线铁塔塔腿段及塔腿上段施工实训工器具及材料表

序号	名称	规格型号	数量	备注
1	光学经纬仪		1 台	
2	花杆（测钎）		3 根	
3	塔尺		1 支	
4	皮尺	50m	1 个	
5	钢卷尺	5m	1 个	
6	木桩		若干	
7	活络扳手		5 把	
8	锥形扳手		5 把	
9	圆锉		1 把	
10	钢锯		1 把	

续表

序号	名称	规格型号	数量	备注
11	人字木抱杆		1 副	
12	铝合金抱杆		1 副	
13	滑轮组		1 套	
14	绞磨		1 台	
15	各级钢丝绳		若干	
16	各级麻绳		若干	
17	铁棒桩		6 根	
18	铁锤		2 把	
19	铁滑车		1 个	
20	直线塔塔腿材料			齐全

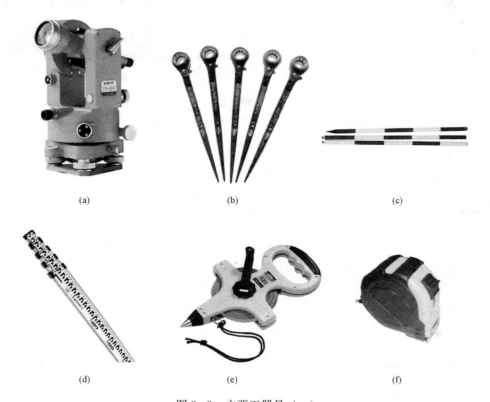

图 3-9　主要工器具（一）

（a）光学经纬仪；（b）锥形扳手；（c）花杆；（d）塔尺；（e）皮尺；（f）钢卷尺

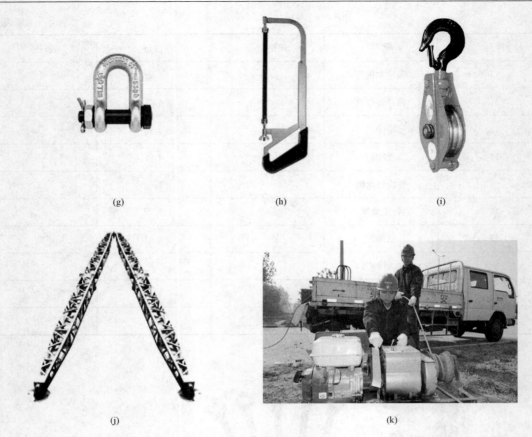

图 3-9　主要工器具（二）

（g）U形环；（h）钢锯；（i）铁滑车；（j）铝合金抱杆；（k）绞磨

2. 作业人员分工

内拉线抱杆分解组立直线铁塔塔腿段及塔腿上段施工人员分工见表3-8。

表 3-8　　　　　内拉线抱杆分解组立直线铁塔塔腿段及塔腿上段施工人员分工

序号	工作岗位	人数	工作内容
1	工作负责人	1	负责作业过程中的安全监督、工作中突发情况的处理、工作质量的监督
2	现场指挥人员	1	负责协调统一现场操作人员工作
3	安全员	1	负责辅助测量操作人员
4	高处作业人员	8	高处组立铁塔
5	配料人员	1	负责整个工地材料供应
6	辅助人员	4	辅助操作人员

3. 现场铁塔组装前

（1）工作负责人宣读工作票、铁塔组立安全注意事项并明确分工。

（2）将塔材的规格型号、数量、件号与图纸仔细对照，并按号排放整齐，螺栓按型号大小堆放。

（3）铁塔组立前应对塔基再次操平，4个基面不平时，应按最高的基面为准，将较低基面用水泥沙浆抹平（若是转角塔应注意预偏），并应保证地脚螺栓露出的高度，保证塔脚板与基础面接触良好。

四、作业程序

内拉线抱杆分解组立直线铁塔塔腿段及塔腿上段施工操作流程如下：

1. 施工现场布置

现场布置主牵引地锚、制动绳地锚、上拉线及承托绳地锚，可现场打入铁棒桩或预埋地锚。

（1）主牵引地锚布置。

1）主牵引地锚与铝合金抱杆底座的距离为铝合金抱杆高的1.5倍；

2）主牵引绳与地面的夹角一般不大于30°。

（2）制动绳地锚布置。制动锚坑与基坑的距离为抱杆高的1.5倍。

（3）上拉线及承托绳地锚布置。

1）上拉线地锚夹角90°均布；

2）承托绳地锚与上拉线地锚在同一角度线上，长度不小于10m。

在施工现场布置倒落式人字木抱杆前，应检查主牵引地锚、制动绳地锚、上拉线及承托绳地锚位置是否合适，检查地锚打设是否牢固。

2. 布置倒落式人字木抱杆

（1）人字木抱杆的高度及梢径为 $\phi140 \times 9m \times 2$ 根，抱杆的根开是3m，抱杆对地面的初始夹角为60°～70°，抱杆的头部用 $\phi10$ 钢丝绳绑扎牢固，并加两个5t的斜扣挂铁滑车。

（2）人字木抱杆根部坐落点位置为铝合金抱杆重心高度的40%，人字木抱杆根部坐落点距铝合金抱杆底座3.6m。

（3）布置吊点。

1）17m的铝合金抱杆选两吊点，从抱杆顶下来3m是第一吊点，从抱杆顶下来9m是第二吊点；

2）两吊点的合力作用点，一般在铝合金抱杆重心1.1～1.5倍处。

（4）布置临时拉线（风绳）。

1）风绳地锚位置为铝合金抱杆高度的1.2～1.5倍处；

2）风绳拴的位置在铝合金抱杆顶下2.5～3.0m；

3）风绳与中心线（即人字木抱杆受力体系四点一直线）夹角为120°。

人字木抱杆受力体系四点一直线，即主牵引地锚中心、铝合金抱杆中心线、制动绳地锚中心、人字抱杆顶在同一条直线上，严禁偏移，以保证在起吊过程中受力均匀。

3. 竖立铝合金抱杆

（1）用绞磨（或人力）牵引起立铝合金抱杆，当铝合金抱杆头部离开地面1m时，应停止起吊，检查各部位受力情况，安排1人站在铝合金抱杆头部上下用力抖动做冲击试验。

（2）铝合金抱杆起立到40°～50°时，应检查抱杆底座是否移位，如有偏斜应及时调正。

（3）人字抱杆快失效时，工作负责人应先发信号提醒现场作业人员，减缓牵引速度，待人字木抱杆失效后，继续牵引带动失效的两根抱杆随牵引绳而动。注意各部位受力情况有无异常。

（4）铝合金抱杆起立到70°以上时，要放慢牵引速度，工作负责人指挥专人将后侧备用风绳拴在制动锁上，听命令随主牵引绳缓缓放出，防止铝合金抱杆向牵引侧倾斜。

（5）铝合金抱杆起立到 80°时停止牵引，依靠作业人员体重压牵引绳立正抱杆。

（6）铝合金抱杆立正后，用经纬仪或吊垂检查，并及时固定好上拉线。

（7）通过上拉线及承托绳调整铝合金抱杆至四腿基础的中心位置。

（8）铝合金抱杆固定好后，方可拆除主牵引绳、木抱杆、风绳、临时锚桩等。

注意事项：

竖立铝合金抱杆前，检查倒落式人字木抱杆竖立涉及的全套工器具布置，应满足施工设计要求，否则应及时调整。做好施工准备后，开始竖立铝合金抱杆。

4．分解组立塔腿段

作业人员用人力组装塔腿段，如图 3-10 所示。

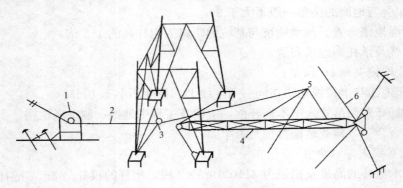

图 3-10　倒落式人字木抱杆竖立铝合金抱杆示意图

1—绞磨；2—起吊绳；3—地滑车；4—铝合金抱杆；5—小木人字抱杆；6—控制绳

（1）先将 4 个塔脚安装到基础地脚螺栓上，地脚螺栓不必紧固太紧，待塔腿段组好后，再进行紧固。将铁塔四面主材分别通过包钢用螺栓连接，并用铁塔连板连接好横、斜塔材，固定好螺栓。

（2）铁塔靠地面第一段组立工作完成后，4 名高处作业人员（塔上作业人员）带活络扳手、锥形扳手、小绳等工具分别蹬在铁塔的四角主材上，地面辅助人员用传递绳将组塔用螺栓送至塔上作业人员。四角主材也可用铝合金抱杆吊装。

图 3-11　分解吊装塔腿上段

（3）调整铝合金抱杆上拉线。用临时拉线将抱杆顶固定在上拉线地锚上，拆除上拉线，并将其固定在已组立好的塔腿段上口主材 K 型节点上。

5．分解吊装塔腿上段

如图 3-11 所示，用绞磨、铝合金抱杆分角或分片吊装塔材。

注意事项：

（1）现场作业人员听从指挥，密切协作，拧紧螺栓。

（2）塔上作业人员在作业及转位过程中不得失去安全带的保护。

（3）吊装过程中铝合金抱杆的最大倾斜角不得大于 5°。

（4）起吊重量的最大限值，以施工计算中的最大重量来控制。

（5）起吊塔材过程中，控制绳（风绳）控制对地夹角不得大于 60°，起吊塔材不得与已组装塔段碰撞。

6. 提升抱杆

（1）安装腰环。在塔腿上段上口面安装 1 个腰环（见图 3-12），抱杆顶固定四方临时拉线。腰环四面钢丝绳长度均衡、受力均匀。抱杆顶临时拉线下端绕在上拉线地锚钢环上，适当收紧。

（2）调整承托绳。将承托绳从地锚上拆下，固定在塔腿段上口主材 K 型节点上。

（3）布置提升抱杆系统。在塔腿上段上口水平材上固定提升抱杆用钢丝绳及起重滑车，钢丝绳穿过地滑车到绞磨。

（4）提升抱杆。松出上拉线，启动绞磨使钢丝绳受力提升抱杆，同时松出抱杆顶临时拉线，直至抱杆根离开地面 1m。

图 3-12　腰环

7. 上拉线、承托绳设置

上拉线固定在塔腿上段上口主材 K 型节点上，承托绳固定在塔腿段上口主材 K 型节点上。

（1）上拉线、承托绳受力均匀，上拉线、承托绳与金属接触处衬垫软物。

（2）上拉线绑扎点在主材 K 型节点下方，承托绳绑扎点在主材 K 型节点上方。

8. 拆除塔材及工器具

按上述相反顺序拆除工器具及塔材。顺序正确，动作安全，严禁抛掷塔材及工器具。

9. 工作终结

（1）全面清理作业现场，整理经纬仪并装箱，方法正确，收拢脚架，扣好脚扣皮带，作业现场不得有遗留物。

（2）准备终结工作票。

实训 5　分解组立铁塔地面组装施工

一、工作任务

完成分解组立铁塔地面组装施工。

二、作业要求及危险点预防措施

1. 作业要求

（1）本项工作为输配电线路施工工作内容之一，要求作业人员按照作业程序操作。

（2）现场作业人员应正确穿戴合格的工作服、工作鞋、安全帽和绝缘手套。

（3）按工作任务要求选择工器具及材料。

（4）作业人员应具备符合本项作业要求的身体素质和技能水平，精神状态良好。

（5）必要时应在工作区范围设立标识牌或护栏。

（6）在工作中遇有 6 级以上大风以及雷暴雨、冰雹、大雾、沙尘暴等恶劣天气时，应停止工作。

（7）作业人员应具备必要的安全生产知识，熟悉《国家电网公司电力安全工作规程（电力线路部分）》相关内容，并经年度考试合格。

2. 危险点预防措施

（1）危险点一：误伤手。

预防措施：组装过程中各工作人员相互配合，注意组装时误伤手。

（2）危险点二：铁件伤人。

预防措施：在抬或搬运铁件时受力应均匀，多人搬运时应有负责人统一指挥。

（3）危险点三：铁钎、尖头撬棍打滑。

预防措施：在组装过程中要注意铁钎、尖头撬棍打滑引起伤人。

（4）危险点四：中暑。

预防措施：在夏季炎热季节作业时，应做好防暑措施，随身携带防暑用品，并应带上足够的饮用水。

（5）危险点五：其他。

预防措施：根据现场实际情况，补充必要的危险点分析和预控内容。

三、作业前准备

1. 工器具及材料选择

主要工器具及材料见表 3-9。主要工器具如图 3-13 所示。

表 3-9 分解组立铁塔地面组装施工工器具及材料表

序号	名称	型号	数量	备注
1	锥形扳手		4 把	
2	活络扳手		4 把	
3	力矩扳手		4 把	
4	尖头撬棍		2 根	
5	钢钎		4 根	
6	钢卷尺	5m	1 只	
7	垫木		若干	根据实际地形配置
8	榔头	16~18 磅	1 把	
9	锄头		1 把	
10	铁锹		2 把	
11	工具包		4 只	

2. 作业人员分工

（1）分解组立铁塔地面组装施工人员分工见表 3-10。

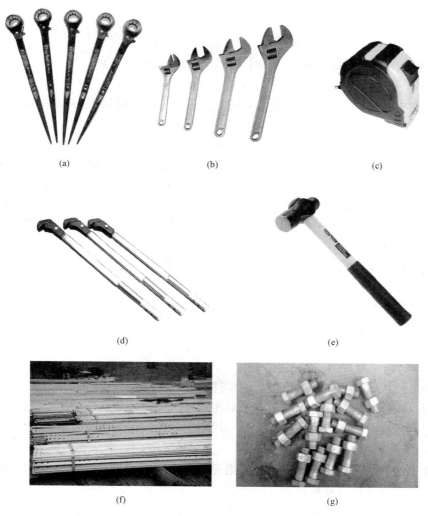

图 3-13　主要工器具

（a）锥形扳手；（b）活络扳手；（c）钢卷尺；（d）力矩扳手；（e）榔头；（f）角钢；（g）螺栓

表 3-10　　　　　　　　　　　分解组立铁塔地面组装施工人员分工

序号	工作岗位	人数	工作内容
1	工作负责人	1	负责作业过程中的安全监督、工作中突发情况的处理、工作质量的监督
2	现场指挥人员	1	负责指挥现场操作人员工作
3	安全员	1	负责辅助测量操作人员
4	操作人员	4	负责组装铁塔
5	配料人员	1	负责整个工地材料供应
6	辅助人员	4	辅助操作人员

（2）人员要求。

1）具备必要的技能知识。

2）进入工作现场，穿合格工作服、鞋，戴好安全帽。

3）工作时互相关心作业安全，及时纠正违反安全工作规程的行为。

3. 准备工作安排

（1）查找相关资料。查找待组装铁塔的相关资料，内容包括所在杆塔的塔号、地形、塔形、周围环境等；准备杆塔图纸。

（2）检查工器具。检查个人工器具、组装工具。

（3）组织现场作业人员学习标准作业卡。掌握整个操作程序，理解工作任务、质量标准和操作中的危险点及预防措施。民工由现场施工负责人交代安全施工注意事项及现场操作基本知识。

（4）出工前"两交一查"。"两交"主要内容包括工作任务、安全措施、技术措施及其他注意事项；"一查"主要内容包括人员健康、精神状况，安全工器具是否完备等。

四、作业程序

分解组立铁塔地面组装施工操作流程如下：

1. 核对图纸

核对图纸是否与施工线路杆塔号、型号相符。

2. 工器具检查

对个人工具进行外观检查，安全用具、工器具外观检查合格，无损伤、变形、失灵现象。

3. 对料

（1）根据铁塔结构图清点运至桩位的构件及螺栓、脚钉、垫圈等。

（2）清点构件的同时，应逐段按编号顺序排好（已编号的铁塔构件要进行核对）。

（3）清点构件时应了解设计变更及材料代用引起的构件规格及数量的变化。

4. 分片组装

（1）首先选择铺开式组装方式，就是把各片构件铺在地面进行组装，用于地形平坦处。分片组装适用于身部较宽及质量较大的塔。

（2）先分片组装前片，后分片组装后片。

（3）将另外两个面的斜材、水平材分别带到相应的主材上。

5. 质量要求

（1）构件应镀锌完好。如因运输造成局部锌层膜损失，应补刷防锈漆，其表面再涂刷银粉漆。涂刷前，应将磨损处清洗干净并保持干燥。

（2）检查构件的弯曲度。角钢的弯曲不应超过相应长度的2%，且最大弯曲变形不应超过5mm。变形超过上述允许范围而未超过规定的变形限度时，容许采用冷矫法进行矫正，矫正后严禁出现裂纹。

6. 螺栓的紧固与要求

（1）栓杆应与构件面垂直，螺栓头平面与构件间不应有空隙。

（2）螺母拧紧后，螺杆露出螺母的长度：对单螺母不应小于两个螺距，对双螺母可与螺母相平。

（3）必须加垫者，每端不宜超过两个垫片。

（4）对立体结构：水平方向由内向外；垂直方向由下向上。

（5）对平面结构：顺线路的方向，由送电侧穿入或按统一方向穿入。横线路的方向，两侧由内向外，中间由左向右或按统一方向；垂直方向由下向上。

（6）杆塔部件组装有困难时应查明原因，严禁强行组装。个别螺孔需超过 3mm 时，应先堵焊再重新打孔，并应进行防锈处理。严禁用气割进行打孔或烧孔。

（7）杆塔连接螺栓应逐个紧固，其扭紧力矩不应小于规定要求。螺杆与螺母的螺纹有滑牙或螺母的棱角磨损以致扳手打滑的螺栓必须更换。

7. 工作终结

铁塔地面组装完成后，清理地面工作现场，工作负责人全面检查工作完成情况，确认无误后签字撤离现场。

确认工器具均已收齐，工作现场做到"工完、料净、场地清"。作业现场不得有遗留物。

实训 6　110kV 输电线路耐张杆塔安装导线防振锤

安装防振锤，是输配电线路施工与检修作业人员必备的技能之一。该项工作在导线上作业，作业人员一般沿绝缘子串至导线，再"骑线"进入作业点，跨坐在导线上进行安装作业。由于前述作业方法的操作劳动强度大，且不够安全，近年来多采用"硬梯作业法"。硬梯作业法，是将专门加工的硬梯一端固定在导线横担上，另一端挂在导线上（须考虑采取不损伤导线的措施），工作人员沿硬梯进入作业点，坐在硬梯上进行防振锤安装，这样就大大地减小了工作人员的劳动强度。

一、工作任务

在 110kV 输电线路耐张杆塔导线上安装导线防振锤，要求 1 人独立完成。

二、作业要求及危险点预防措施

1. 作业要求

（1）本项工作是输配电线路施工、检修工作内容之一，要求按照标准化作业程序操作。

（2）1 人操作、1 人辅助、1 人监护。

（3）现场作业人员应正确穿戴合格的工作服、工作鞋、安全帽和绝缘手套。

（4）按工作任务要求选择工器具及材料。

（5）作业人员应具备符合本项作业要求的身体素质和技能水平，精神状态良好。

（6）必要时应在工作区范围设立标示牌或护栏。

（7）登杆前应对安全带、登杆工具进行检查和冲击试验，并对杆根、杆身、拉线进行检查，符合相应规定的要求。

（8）登杆塔前，应认真核对停电线路名称、杆号，检查是否与工作票及派工单（作业任务单）上相符。

（9）登杆时，首先选择登杆方向，要求沿同一个方向上、下。

（10）在上、下杆过程中，应正确使用登杆工具。在杆上作业时，应正确使用安全带。

（11）登塔时作业人员的手应抓住主材，塔上作业及转位时不得失去安全带的保护。

（12）上杆塔后，登杆工具必须妥善放置，不得随意放置于横扣上。

（13）杆塔上作业所需的工器具及材料，必须使用绳索传递，不得抛掷；在使用吊绳上下传递物件时，吊绳的两端应分别在操作者的两侧，以免吊绳在使用过程中发生缠绕。

（14）杆塔上工作不得掉东西。

（15）在工作中遇有 6 级以上大风以及雷暴雨、冰雹、大雾、沙尘暴等恶劣天气时，应停止工作。

（16）作业人员应具备必要的安全生产知识，熟悉《国家电网公司电力安全工作规程（电力线路部分）》相关内容，并经年度考试合格。

2. 危险点预防措施

（1）危险点一：高处坠落。

预防措施：作业人员登杆前必须具备符合本项作业要求的身体状况、精神状态和技能素质。设监护 1 人，加强监护，随时纠正其不规范或违章动作，重点注意在转位的过程中不得失去保护绳的保护。

（2）危险点二：高处坠物伤人。

预防措施：杆上作业人员的工具及零星材料应装入工具袋，防止坠物。杆下作业人员必须戴安全帽，正确使用绳结，拴好杆上所需物件后，应距离作业点垂直下方 3m 以外。监护人员应随时注意，禁止无关人员在工作现场内逗留。

三、作业前准备

1. 工器具及材料选择

主要工器具及材料见表 3-11。主要工器具如图 3-14 所示。

表 3-11　　　　　　输电线路耐张杆塔导线上安装导线防振锤工器具及材料表

序号	名称	型号	单位	数量	备注
1	钢丝钳		把	1 把	
2	活络扳手		把	2 把	
3	钢卷尺	5m	只	1 只	
4	记号笔		支	1 支	
5	工具包		个	1 个	
6	脚扣		副	1 副	
7	安全带		副	1 副	
8	吊绳		副	1 副	
9	硬梯		副	1 副	
10	防振锤	FD-4	个	1 个	
11	铝包带		卷	1 卷	

2. 作业人员分工

输电线路耐张杆塔导线上安装导线防振锤人员分工见表 3-12。

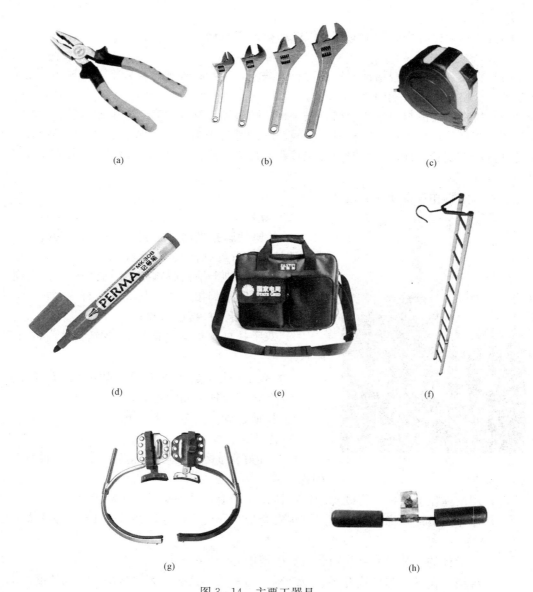

图 3-14　主要工器具
(a) 钢丝钳；(b) 活络扳手；(c) 钢卷尺；(d) 记号笔；(e) 工具包；
(f) 硬梯；(g) 脚扣；(h) 防振锤

表 3-12　　　　　　输电线路耐张杆塔导线上安装导线防振锤人员分工

序号	工作岗位	人数	工作内容
1	工作负责人	1	负责作业过程中的安全监督、工作中突发情况的处理、工作质量的监督
2	操作人员	1	负责安装防振锤
3	辅助人员	4	辅助操作人员

四、作业程序

输电线路耐张杆塔导线上安装导线防振锤操作流程如下：

1. 工作前准备

（1）脚扣（有试验合格证）外观检查无缺陷，工器具外观检查合格，无损伤、变形、失灵现象，合格证在有效期内。

（2）检查所需的材料是否合格，安全带、防坠器、绝缘手套、验电器试验合格。

（3）登杆前：检查杆根、杆身、拉线、基础等是否满足登杆作业条件；对安全带、登杆工具进行冲击试验，冲击试验时登杆工具距离地面高度为 200~300mm，要求试验合格。

2. 脚扣登杆

（1）调整脚扣皮带使松紧适度。

图 3-15 脚扣登杆

（2）登杆：

1）抬脚使脚扣平面（金属杆圆弧面）与杆身成 90°，脚扣叩杆、脚背外翻挂实，下蹬；

2）另一只脚上抬松脱脚扣，向上登杆，方法同 1）；

3）注意调整脚扣尺寸，与混凝土杆直径配合，使脚扣胶皮面与混凝土杆接触可靠；

4）双手扶杆，重心稍向后，动作正确，如图 3-15 所示。

（3）登上横担，拴好安全带，固定或摆放登杆工具：

1）登杆工具杆上固定可靠；

1）摆放正确、安全，不掉下。

3. 挂硬梯

（1）拴好保护绳，解开安全带，作业人员移位到挂硬梯处。

（2）用吊绳拉上硬梯，将硬梯的挂钩挂在导线上，另一端固定在横担上。

（3）作业人员沿硬梯进入作业点，将安全带在导线上拴好，并检查扣环是否扣好。

4. 安装防振锤

（1）按设计的安装尺寸（从耐张线夹硬销中心量出）画印。

（2）缠绕铝包带，与导线外层铝股绕制方向一致，且必须缠绕紧密，缠绕长度两端应露出夹板 10mm，再回缠，将铝带头压在夹板内，如图 3-16 所示。

（3）用吊绳拉上防振锤（正确使用绳结，不得出现缠绕、死结），将防振锤的夹线板与导线固定紧密。夹线板螺栓的穿向：边相螺栓由内向外穿，中相螺栓由左向右（作业人员面向受电侧）穿。

（4）检查防振锤安装是否合格，安装距离偏差在 ±10mm 内，平垫圈、弹簧垫圈齐全，弹簧垫圈应压平。安装完毕的防振锤应与导线

图 3-16 安装防振锤

平行，且与地面垂直。

5. 拆离作业现场

（1）作业人员解开安全带，沿硬梯退回横担上，解开硬梯与横担的固定绳索，取下导线上的硬梯挂钩，用吊绳将硬梯放至地面。

（2）作业人员在保护绳保护的状态下，转位至杆身处，整理好登杆工具，解开保护绳，准备下杆。

6. 脚扣下杆

（1）抬脚使脚扣平面（金属杆圆弧面）与杆身成90°，脚扣叩杆、脚背外翻挂实，下蹬。

（2）另一只脚上抬松脱脚扣，下杆，方法同（1）。

（3）注意调整脚扣尺寸，与混凝土电杆直径配合，使脚扣胶皮面与混凝土杆接触可靠。

（4）双手扶杆，重心稍向后，动作正确。

7. 工作终结

（1）全面清理作业现场，清点工器具并归类装好，不得有遗留物。

（2）准备终结工作票。

实训 7　更换 35kV 输电线路杆塔悬垂线夹

更换输电线路杆塔悬垂线夹是输配电线路施工与检修作业人员必备的技能之一。该项工作在导线上作业，作业人员一般沿绝缘子串至导线，再"骑线"进入作业点，跨坐在导线上进行安装作业。由于前述作业方法的操作劳动强度大，且不够安全，近年来多采用"硬梯作业法"。硬梯作业法，是将专门加工的硬梯一端固定在导线横担上，另一端挂在导线上（须考虑采取不损伤导线的措施），工作人员沿硬梯进入作业点，坐在硬梯上进行线夹的更换，这样就大大地减小了工作人员的劳动强度。

一、工作任务

更换 35kV 输电线路杆塔悬垂线夹。

二、作业要求及危险点预防措施

1. 作业要求

（1）本项工作是输配电线路施工、检修工作内容之一，要求按照标准化作业程序操作。

（2）1 人操作、1 人辅助、1 人监护。

（3）现场作业人员应正确穿戴合格的工作服、工作鞋、安全帽和绝缘手套。

（4）按工作任务要求选择工器具及材料。

（5）作业人员应具备符合本项作业要求的身体素质和技能水平，精神状态良好。

（6）必要时应在工作区范围设立标示牌或护栏。

（7）登杆前应对安全带、登杆工具进行检查和冲击试验，并对杆根、杆身、拉线进行检查，符合相应规定的要求。

（8）登杆塔前，应认真核对停电线路名称、杆号，检查是否与工作票及派工单（作业任务单）上相符。

（9）登杆时，首先选择登杆方向，要求沿同一个方向上、下。

（10）在上、下杆过程中，应正确使用登杆工具。在杆上作业时，应正确使用安全带。

（11）登塔时作业人员的手应抓住主材，塔上作业及转位时不得失去安全带的保护。

（12）上杆塔后，登杆工具必须妥善放置，不得随意放置于横扣上。

（13）杆塔上作业所需的工器具及材料，必须使用绳索传递，不得抛掷；在使用吊绳上下传递物件时，吊绳的两端应分别在操作者的两侧，以免吊绳在使用过程中发生缠绕。

（14）杆塔上工作不得掉东西。

（15）在工作中遇有6级以上大风以及雷暴雨、冰雹、大雾、沙尘暴等恶劣天气时，应停止工作。

（16）作业人员应具备必要的安全生产知识，熟悉《国家电网公司电力安全工作规程（电力线路部分）》相关内容，并经年度考试合格。

2. 危险点预防措施

（1）危险点一：高处坠落。

预防措施：作业人员登杆前必须具备符合本项作业要求的身体状况、精神状态和技能素质。设监护1人，加强监护，随时纠正其不规范或违章动作，重点注意在转位的过程中不得失去保护绳的保护。

（2）危险点二：高处坠物伤人。

预防措施：杆上作业人员的工具及零星材料应装入工具袋，防止坠物。杆下作业人员必须戴安全帽，正确使用绳结，拴好杆上所需物件后，应距离作业点垂直下方3m以外。监护人员应随时注意，禁止无关人员在工作现场内逗留。

三、作业前准备

1. 工器具及材料选择

主要工器具及材料见表3-13。主要工器具如图3-17所示。

表3-13　　　　　　　更换35kV输电线路杆塔悬垂线夹工器具及材料表

序号	名称	型号	数量	备注
1	钢丝钳		1把	
2	活络扳手		2把	
3	钢卷尺	5m	1个	
4	记号笔		1支	
5	工具包		1个	
6	脚扣		1副	
7	安全带		1副	
8	吊绳		1副	
9	硬梯		1副	
10	双钩紧线器	1~2t	1个	
11	悬垂线夹		1个	
12	铝包带		1卷	

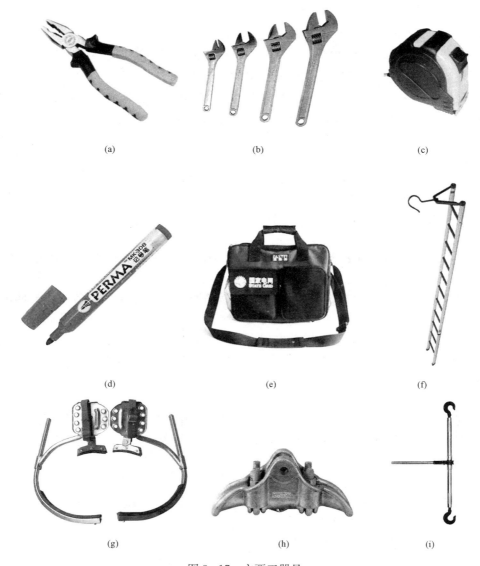

图 3 - 17　主要工器具

（a）钢丝钳；（b）活络扳手；（c）钢卷尺；（d）记号笔；

（e）工具包；（f）硬梯；（g）脚扣；（h）悬垂线夹；（i）双钩紧线器

2. 作业人员分工

更换 35kV 输电线路杆塔悬垂线夹人员分工见表 3 - 14。

表 3 - 14　　　　　　　　　更换 35kV 输电线路杆塔悬垂线夹人员分工

序号	工作岗位	人数	工 作 内 容
1	工作负责人	1	负责作业过程中的安全监督、工作中突发情况的处理、工作质量的监督
2	操作人员	1	负责更换悬垂线夹
3	辅助人员	4	辅助操作人员

四、作业程序

更换 35kV 输电线路杆塔悬垂线夹操作流程如下：

1. 前期准备工作

（1）规范填写和签发工作票，正确履行工作票手续。

（2）现场查勘必须由 2 人进行。现场核对停电线路名称、杆塔编号，双重编号无误；检查基础及杆塔，完好无异常；交叉跨越距离符合安全要求。

（3）核查风速、气温等天气情况符合作业条件。

（4）正确挂设安全围栏，悬挂标示牌。

（5）正确穿戴合格的安全帽、工作服、工作鞋、绝缘手套。

（6）不得在威胁作业人员安全的天气情况下作业。

（7）严禁无关人员、车辆进入作业现场。

2. 检查工器具及材料

（1）检查工器具外观和试验合格证，无遗漏，工器具外观检查合格，无损伤、变形、失灵现象，合格证在有效期内。

（2）安全带、防坠器、绝缘手套、验电器试验合格；对安全带、防坠器进行冲击试验，方法正确。

（3）对绝缘手套做充气试验，对验电器做验电试验，方法正确。

（4）用干燥、清洁的毛巾对新绝缘子进行表面清洁，并用绝缘电阻表进行绝缘电阻检测，确定绝缘电阻不小于 $700\mathrm{M}\Omega$。

3. 停电

调度通知负责人：确认被检修线路已停电，安全措施已完备，许可开始工作，不得约时停电，再次确认停电线路名称及杆塔编号。

4. 登杆

（1）携带吊绳，方法正确。

（2）安全带腰绳和后备保护绳斜挎在肩上，防止安全带、吊绳钩挂塔材。

（3）使用脚扣匀步登塔至作业点。

（4）人体与导线保持足够的安全距离。

5. 验电

作业人员手持验电器尾部，使验电部分逐渐靠近导线，根据有无火花和放电声音来判断导线有无电压；按由近及远、由低到高的顺序逐相验电，不得失去安全带保护，验电器应完好；验电时必须戴绝缘手套。

6. 挂设接地线

（1）验明导线无电压后，正确安装接地线；先安装接地端，后安装导线端。

（2）接地线连接可靠，不得缠绕，人体不能触碰接地线。

7. 系好安全带

在合适的位置系好安全带的腰绳和后备保护绳。安全带系在牢固的构件上，扣环应牢固。

8. 安装双钩紧线器

（1）在合适位置布置吊绳，方法正确。

（2）检查悬垂线夹有无异常，确认是否需更换。

（3）解开安全带腰绳并斜挎在肩上，沿绝缘子串下至导线，将安全带腰绳系在绝缘子串上。

（4）吊上个人保安线、双钩紧线器、钢丝套、防导线脱落保护绳，不得与塔身碰撞，吊绳不得缠绕，正确使用绳结。

（5）在合适位置挂好个人保安线，先装接地端，后装导线端。

（6）在安装个人保安线同侧导线与横担间合适位置安装防导线脱落保护绳，连接可靠，松紧适度。

（7）在绝缘子串一侧导线与横担间合适位置安装双钩紧线器，连接可靠。导线侧双钩紧线器钩口应缠绕铝包带。

9. 更换悬垂线夹

（1）杆上作业人员站好位后把传递绳固定在横担上，地面配合人员把工器具和材料绑扎牢固，杆上工作人员把工器具和材料提升到工作位置。

（2）在横担主材与导线间挂上导线后备保护钢丝绳套，另一端通过卸扣连接在导线上。

（3）调整双钩紧线器，把双钩紧线器调整到中间合适位置。

（4）在线夹安装位置中心，向两侧各量出 1/2 线夹长度加 10mm，并画印。用双钩紧线器一端吊住横担上绳套，另一端勾住导线（钩子挂胶，裹上铝带或软布，以防扎伤导线）。

（5）收紧双钩紧线器，提升导线，使垂直荷载分布在双钩紧线器上，此时悬垂线夹处于不受力状态。

（6）拆下悬垂线夹及铝包带，在画印处导线上缠绕铝包带，铝包带绑扎平整、无间隙，两侧有回头可通过线夹夹住，且铝包带露出不超过 10mm。

（7）把新线夹安装在正确位置，线夹中心与画印的中心位置对称。螺栓紧固，螺栓穿向符合要求（边相向外，中相从右至左）。

（8）在工作中要注意上下配合，空中作业人员带传递绳移位时地面人员应精力集中注意配合，不得失去安全带的保护。

（9）操作过程中应防止高空坠落，工作位置正下方严禁站人。

（10）绝缘子串脱离导线前，必须检查双钩、钢丝绳套等受力构件是否良好，检查绝缘子串 W 形销或 R 形销是否齐全。检查无误经工作负责人同意方可脱离。

（11）悬垂线夹安装的要求：悬垂线夹安装后，绝缘子串应垂直地平面；个别情况其顺线路方向与垂直位置的位移不应超过 5°且最大偏移值不应超过 200mm；连续上下山坡处杆塔上的悬垂线夹的安装位置应符合设计规定。

10. 拆除双钩紧线器

（1）拆除双钩紧线器，挂在吊绳活扣上。

（2）拆除防导线脱落保护绳，与双钩紧线器一同传递至地面。

（3）拆除个人保安线，先取导线端、后取接地端；整理好个人保安线，吊下至地面，方法正确。

（4）用毛巾清洁绝缘子串。

（5）解开安全带腰绳并斜挎在肩上，沿绝缘子串上至横担，将安全带腰绳系在合适位置。

11. 下杆

对杆塔各部件进行检查，确认无遗漏或缺陷，经工作负责人许可后下塔。

12. 拆除接地线

（1）拆除接地线，先取导线端、后取接地端。

（2）整理好接地线，吊下至地面，方法正确。

13. 清理现场

（1）将工具、接地线、验电器、高压发生器等按要求运至指定地点。

（2）拆除安全措施，工作负责人向许可人汇报。

14. 工作终结

（1）全面清理作业现场，清点工器具并归类装好，不得有遗留物。

（2）准备终结工作票，不得约时送电。

实训 8　500kV 输电线路杆塔间隔盘安装

通过 500kV 输电线路杆塔更换间隔棒的安装训练，要求掌握间隔棒安装及出线的基本要领，熟悉间隔棒安装时的安装要求，掌握间隔棒允许偏差要求；掌握整个过程的安全要求。更换间隔棒应在良好的天气条件下进行，雷雨天或风速超过 5 级的天气不允许进行更换间隔棒工作，在高处作业过程中，不允许脱离安全带的保护，工作过程中应按规定程序进行操作，熟悉危险点预控措施，熟悉更换间隔棒的标准。

一、作业任务

完成 500kV 输电线路杆塔间隔盘安装。

二、作业要求及危险点预防措施

1. 作业要求

（1）本项工作是输配电线路施工、检修工作内容之一，要求按照标准化作业程序操作。

（2）1 人操作、1 人辅助、1 人监护。

（3）现场作业人员应正确穿戴合格的工作服、工作鞋、安全帽和绝缘手套。

（4）按工作任务要求选择工器具及材料。

（5）作业人员应具备符合本项作业要求的身体素质和技能水平，精神状态良好。

（6）必要时应在工作区范围设立标示牌或护栏。

（7）登杆前应对安全带、登杆工具进行检查和冲击试验，并对杆根、杆身、拉线进行检查，符合相应规定的要求。

（8）登杆塔前，应认真核对停电线路名称、杆号，检查是否与工作票及派工单（作业任务单）上相符。

（9）登杆时，首先选择登杆方向，要求沿同一个方向上、下。

（10）在上、下杆过程中，应正确使用登杆工具。在杆上作业时，应正确使用安全带。

（11）登塔时作业人员的手应抓住主材，塔上作业及转位时不得失去安全带的保护。

（12）上杆塔后，登杆工具必须妥善放置，不得随意放置于横扣上。

（13）杆塔上作业所需的工器具及材料，必须使用绳索传递，不得抛掷；在使用吊绳上下传递物件时，吊绳的两端应分别在操作者的两侧，以免吊绳在使用过程中发生缠绕。

（14）杆塔上工作不得掉东西。

（15）在工作中遇有 6 级以上大风以及雷暴雨、冰雹、大雾、沙尘暴等恶劣天气时，应停止工作。

（16）作业人员应具备必要的安全生产知识，熟悉《国家电网公司电力安全工作规程（电力线路部分）》相关内容，并经年度考试合格。

2. 危险点预防措施

（1）危险点一：高处坠落。

预防措施：作业人员登杆前必须具备符合本项作业要求的身体状况、精神状态和技能素质。设监护1人，加强监护，随时纠正其不规范或违章动作，重点注意在转位的过程中不得失去保护绳的保护。

（2）危险点二：高处坠物伤人。

预防措施：杆上作业人员的工具及零星材料应装入工具袋，防止坠物。杆下作业人员必须戴安全帽，正确使用绳结，拴好杆上所需物件后，应距离作业点垂直下方3m以外。监护人员应随时注意，禁止无关人员在工作现场内逗留。

三、作业前准备

1. 工器具及材料选择

主要工器具及材料见表3-15。主要工器具如图3-18所示。

表 3-15　　　　完成 500kV 输电线路杆塔间隔盘安装工器具及材料表

序号	名称	型号	数量	备注
1	钢丝钳		1把	
2	活络扳手		2把	
3	钢卷尺	5m	1个	
4	记号笔		1支	
5	工具包		1个	
6	防坠器		1个	
7	安全带		1副	
8	吊绳		1副	
9	硬梯		1副	
10	双钩紧线器	1～2t	1个	
11	间隔棒		1个	
12	铝包带		1卷	

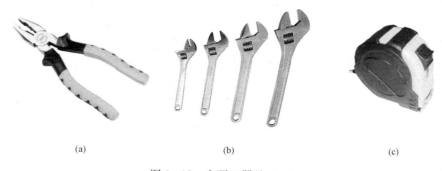

(a) 　　　　　　　　　　(b) 　　　　　　　　　　(c)

图 3-18　主要工器具（一）

（a）钢丝钳；（b）活络扳手；（c）钢卷尺

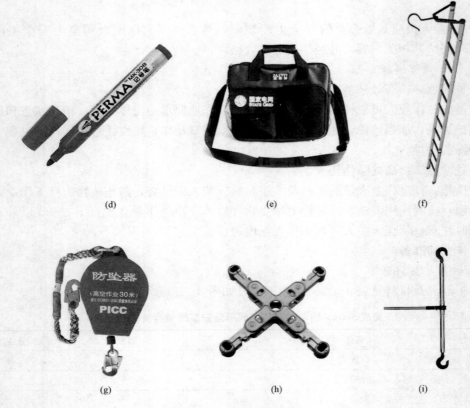

图 3-18　主要工器具（二）

（d）记号笔；（e）工具包；（f）硬梯；（g）防坠器；（h）十字间隔棒；（i）双钩紧线器

2. 作业人员分工

完成 500kV 输电线路杆塔间隔盘安装人员分工见表 3-16。

表 3-16　　　　　完成 500kV 输电线路杆塔间隔盘安装人员分工

序号	工作岗位	人数	工 作 内 容
1	工作负责人	1	负责作业过程中的安全监督、工作中突发情况的处理、工作质量的监督
2	操作人员	2	负责安装间隔棒
3	辅助人员	2	辅助操作人员

四、作业程序

完成 500kV 输电线路杆塔间隔盘安装操作流程如下：

1. 前期准备工作

（1）规范填写和签发工作票，正确履行工作票手续。

（2）现场查勘必须由 2 人进行。现场核对停电线路名称、杆塔编号，双重编号无误；检查基础及杆塔，完好无异常；交叉跨越距离符合安全要求。

（3）核查风速、气温等天气情况符合作业条件。

（4）正确挂设安全围栏，悬挂标示牌。

2. 检查工器具及材料

（1）检查工器具外观和试验合格证，无遗漏。

（2）对安全带、防坠器进行冲击试验，方法正确。

（3）对绝缘手套做充气试验，方法正确。

（4）对验电器做验电试验，方法正确。

3. 停电

调度通知负责人：确认被检修线路已停电，安全措施已完备，许可开始工作。

4. 登塔

（1）携带吊绳，方法正确。

（2）安全带腰绳和后备保护绳斜挎在肩上。

（3）脚踩脚钉、手抓主材、匀步登塔至作业点。

5. 验电

作业人员手持验电器尾部，使验电部分逐渐靠近导线，根据有无火花和放电声音来判断导线有无电压；按由近及远、由低到高的顺序逐相验电。

不得失去安全带保护，验电器应完好；验电时必须戴绝缘手套。

6. 挂设接地线

（1）验明导线无电压后，正确安装接地线；先安装接地端，后安装导线端。

（2）接地线连接可靠，不得缠绕。

7. 系好安全带

在合适的位置系好安全带的腰绳和后备保护绳，脱离防坠器。安全带系在牢固的构件上，扣环应牢固。

8. 安装个人保安线

在合适位置挂好个人保安线，先装接地端，脱离防坠器。

9. 沿绝缘子串进入导线

杆塔上电工沿绝缘子串进入导线前必须再次向工作负责人汇报，得到工作负责人同意后方可进入导线。移位过程中重心应保持平衡，走绝缘子串避免打滑，沿绝缘子串移动必须有后备保护绳。

10. 走线至第一个间隔棒更换位置

（1）杆塔上电工将后备保护绳挂在导线侧金具处固定，走线至第一个导线间隔棒更换位置，并将传递绳挂好。

（2）走线熟练稳定，避免出现单脚踏空、打滑，且不得失去安全带保护。

11. 安装间隔棒

（1）杆塔上电工将原间隔棒拆下，地面电工传递新、旧间隔棒，杆塔上电工将新间隔棒在原位置安装到位。

（2）吊装间隔棒熟练，间隔棒与导线应垂直。安装位置准确，插销安装方向统一，不漏装、不落物。安装结束后向工作负责人汇报。

12. 回到杆塔

（1）杆塔上电工走线返回至绝缘子串。

（2）进入绝缘子串前必须得到工作负责人许可，并系好后备保护绳。

13. 拆除个人保安线

(1) 拆除个人保安线，先取导线端、后取接地端。

(2) 整理好个人保安线，吊下至地面。

14. 清点个人工具

检查工具包内个人工器具无遗漏。

15. 塔上检查

对杆塔各部件进行检查，确认无遗漏或缺陷，经工作负责人许可后下塔。

16. 下塔

(1) 挂好防坠器。

(2) 从塔材上取下并整理好安全带，正确携带吊绳，脚踩脚钉、手抓主材、匀步下塔至地面。

17. 拆除接地线

(1) 拆除接地线，先取导线端、后取接地端。

(2) 整理好接地线，吊下至地面，方法正确。

18. 清理现场

(1) 将工具、接地线、验电器、高压发生器等按要求运至指定地点。

(2) 拆除安全措施，工作负责人向许可人汇报。

19. 工作终结

(1) 全面清理作业现场，清点工器具并归类装好，不得有遗留物。

(2) 准备终结工作票，不得约时送电。

实训 9 输 电 线 路 架 线

导线架设，是将设计选定的导线按要求的应力（弛度）架设于已经组好的杆塔上，是输配电线路施工的三大基本工序之一，其技术性较强，高处作业量大。导线架设按放线方式的不同可分为拖地展放和张力放线两大类。导线架设又包括准备工作、放线、导线及地线连接、紧线及弛度观测、附件安装等子工序，导线架设施工段常达数千米，点多面广，为长线工程，因此施工前必须认真编制好施工方案或技术手册，做好人、材、机组织与管理，采取周密的技术及安全措施，做好技术交底、危险点分析等各项工作，保障线路架设工作的顺利推进。

一、工作任务

完成 110kV 输电线路单相导线放线、紧线及弛度观测、挂线等工作。

二、作业要求及危险点预防措施

1. 作业要求

(1) 本项工作是输配电线路施工工作内容之一，要求按照标准化作业程序操作。

(2) 现场作业人员应正确穿戴合格的工作服、工作鞋、安全帽和绝缘手套。

(3) 按工作任务要求选择工器具及材料。

(4) 作业人员应具备符合本项作业要求的身体素质和技能水平，精神状态良好。

(5) 必要时应在工作区范围内设立标示牌或护栏。

(6) 施工段内各杆塔基础混凝土强度达到设计要求，施工段内各杆塔螺栓紧固完好。

(7) 登杆前应对安全带、登杆工具进行检查和冲击试验，并对杆根、杆身、拉线进行检查，符合相应规定的要求。

（8）登杆塔前，应认真核对停电线路名称、杆号，检查是否与工作票及派工单（作业任务单）上相符。

（9）登杆时，首先选择登杆方向，要求沿同一个方向上、下。

（10）在上、下杆过程中，应正确使用登杆工具。在杆上作业时，应正确使用安全带。

（11）登塔时作业人员的手应抓住主材，塔上作业及转位时不得失去安全带的保护。

（12）上杆塔后，登杆工具必须妥善放置，不得随意放置于横担上。

（13）杆塔上作业所需的工器具及材料，必须使用绳索传递，不得抛掷；在使用吊绳上下传递物件时，吊绳的两端应分别在操作者的两侧，以免绳在使用过程中发生缠绕。

（14）应搭设临时拉线的杆塔如挂线端、紧线操作端、转角杆塔等临时拉线符合施工要求；现场布置的绞磨、倒扳滑车（导向滑车）、地锚埋设等符合施工要求；弛度观测档选择符合施工要求；导线应完好无损，否则应处理。

（15）在工作中遇有6级以上大风以及雷暴雨、冰雹、大雾、沙尘暴等恶劣天气时，应停止工作。

（16）作业人员应具备必要的安全生产知识，熟悉《国家电网公司电力安全工作规程（电力线路部分)》相关内容，并经年度考试合格。

2. 危险点预防措施

（1）危险点一：导线滑脱伤人。

预防措施：

1）统一指挥，统一信号，明确分工，并讲明施工方法，明确各岗位职责。

2）要使用合格的起重工器具，严禁超载使用；钢丝绳套严禁以小代大使用。

3）各跨越点必须设专人看守，防止挂、卡导线。

4）卡线器必须牢固地卡在导线上。绞磨牵引钢丝绳受力时，应设专人随时检查各受力点的变化情况。

5）导地线过牵引时，要特别注意各部件的受力变化。

6）绞磨牵引钢丝绳受力时，内侧严禁站人。

7）加强作业过程的监护。

（2）危险点二：高处坠落。

预防措施：高处作业应使用安全带，戴安全帽；安全带必须系在横担的主材上，杆上转移作业位置时，不得失去安全带的保护。

（3）危险点三：高处坠物伤人。

预防措施：

1）高处作业人员与地面工作人员传递工器具、材料时，必须用小绳传递，严禁空中抛甩工器具、材料。

2）高处作业人员对塔上暂时不用的工器具，应通过小绳吊到塔下，禁止随意放在塔上。

3）现场作业人员必须戴好安全帽，高处作业下方严禁站人，严禁非作业人员进入作业现场。

（4）危险点四：触电伤人。

预防措施：

1）高处作业人员接触导线时，应先接地，防止感应电伤人。

2）跨越电力线路时必须挂好接地线，防止突然送电。

三、作业前准备

1．工器具及材料选择

主要工器具及材料见表 3-17。工器具示例如图 3-19 所示。

表 3-17　　110kV 输电线路单相导线放线、紧线及弛度观测、挂线施工工器具及材料表

序号	名称	型号	数量	备注
1	经纬仪		1 台	或弛度板 1 套
2	紧线工具		1 套	
3	柱式钢结构跨越架	2m 高	5 套	
4	吊车	8t	1 台	
5	机动绞磨	3t	1 台	
6	钢丝绳	$\phi 15.5 \times 150m$	1 根	
7	导线蛇皮套	LGJ-185 导线	2 个	
8	卡线器	LGJ-185 导线	4 个	
9	紧线滑车	5t	1 个	
10	紧线滑车	2t	2 个	
11	锚线	钢绞线 GJ-50×100m	1 套	
12	双钩紧线器	3t	8 把	
13	线轴架		1 副	
14	放线滑车		7 个	
15	吊绳		10 根	
16	钢丝套	$\phi 15.5$	10 根	
17	安全带		10 根	
18	脚扣		5 副	
19	踩板		5 副	
20	铁棒桩		6 根	
21	对讲机		12 台	
22	LGJ-185/25 导线		若干	
23	连接金具		若干	
24	耐张线夹		10 个	
25	绝缘子串		若干	
26	防振锤		4 个	
27	铝包带		若干	

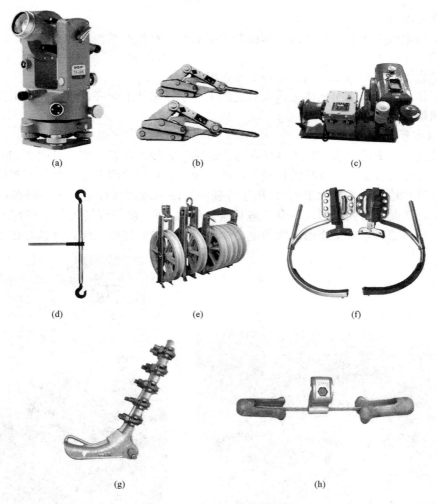

图 3 - 19　主要工器具及材料
（a）经纬仪；（b）卡线器；（c）机动绞磨；（d）双钩紧线器；（e）放线滑车；
（f）脚扣；（g）耐张线夹；（h）防振锤

2. 作业人员分工

110kV 输电线路单相导线放线、紧线及弛度观测、挂线施工人员分工见表 3 - 18。

表 3 - 18　　110kV 输电线路单相导线放线、紧线及弛度观测、挂线施工人员分工

序号	工作岗位	人数	工作内容
1	工作负责人	1	负责作业过程中的安全监督、工作中突发情况的处理、工作质量的监督
2	弛度观测人员	1	负责观测紧线时导线的弛度
3	操作人员	8	负责高处作业
4	安全监护人员	6	安全监护每基杆塔的护线
5	辅助人员	20	辅助操作人员施工

四、作业流程

110kV 输电线路单相导线放线、紧线及弛度观测、挂线操作流程如下：

1. 前期准备工作

（1）事先完成施工段现场勘查和施工方案编制。

（2）工作负责人首先向全体工作人员宣读工作票，做技术交底，讲解现场工作安全注意事项，并明确分工。

2. 现场布置

（1）按施工方案的要求在施工现场布置：地锚、紧线端布置绞磨（见图 3 - 20）、紧线滑车，放线端布置线轴架，布置临时拉线（见图 3 - 21），悬挂放线滑车，搭设跨越架。此处的临时拉线（其对地夹角不得大于 45°）用于补强施工段两端耐张杆塔及中间转角杆塔，以防紧线时耐张杆塔受力扭曲变形。主牵引绳对地夹角为 30°，组织现场人员处理好工作通道内的各种交叉跨越情况，对工作通道内的电力线路要提前做好停电工作，并挂好接地线。

图 3 - 20　布置绞磨　　　　　　　　图 3 - 21　布置临时拉线

（2）在交通要道两侧设立警示标志，必要时设专人看守。

（3）按施工方案的人员组织安排放线人员和护线人员，线轴架、领线人、各杆塔及跨越架护线人员配备对讲机各一台。

（4）准备工作就绪后，工作负责人应认真检查工作段内各点人员的就位情况，起重工具（绞磨、导向滑车的位置、方向）是否安全可靠；辅助安全设施（临时拉线、地锚、跨越架）是否完善可靠。工作无误后，开始放线工作。

3. 检查

工作负责人应该认真检查地面准备工作（地锚埋设、绞磨位置、绞磨牵引钢丝绳、钢丝绳套、导向滑车等地面连接、距离是否符合受力要求，与被紧导线、地线受力方向是否相同）。

4. 放线

从放线端向紧线端人力牵引放线，如图 3 - 22 所示。用蛇皮套将白棕绳与导线连接起

来，放线人员牵引白棕绳，并逐基杆塔
将导线穿入放线滑车。匀速、有序完成
放线操作，直至放完整个施工段。

5. 准备紧线

（1）放线结束后，在放线端（即挂
线端）线头上制作耐张线夹，用人力吊
上杆塔完成挂线（如图 3-23 所示）；在
紧线操作端，拆除放线白棕绳，在导线
上固定卡线器，并与紧线钢丝绳连接起
来，如图 3-24 所示。

图 3-22　人力牵引放线

图 3-23　挂线

图 3-24　固定卡线器

（2）地面工作检查无误，高处作业人员蹬上紧线塔后，在塔上选好操作位置，系好安全
带，先安装好线路连接金具、耐张绝缘子串，固定锁好滑车并穿过绞磨牵引钢丝绳，做好塔
上准备工作。地面人员将紧线钢丝绳盘在绞磨上，准备紧线。

6. 紧线

拉紧磨尾绳，启动绞磨，在现场指挥下开始紧线。绞磨手听从指挥，操作准确。拉磨尾
绳人员适度拉紧磨尾绳。回收的导线盘成圈，钢丝绳盘成圈。绞磨启动，开始紧线。

现场工作指挥人应注意：

（1）绞磨启动受力后，应做冲击试验，检查受力方向是否正确。

（2）弛度观测人员信号。

（3）各直线塔、交叉跨越点人员信号。

（4）按上述信号，随时指挥绞磨启动或制动。

（5）弛度观测符合要求，导线平稳无摆动，并经细调，弛度观测人员发出信号后，指挥
高处作业人员做好导线或地线记号。

7. 弧垂观测、画印

紧线至适当位置时，开始观测弧垂。弧垂观测人员指挥绞磨调整至合适位置，停磨并画

印、锚线。

8. 地面安装耐张线夹

拉紧磨尾绳，重新启动绞磨将画印端缓慢放至地面，在适当位置完成锚线。由地面人员根据高处作业人员做好的画印点开线、缠绕铝包带，安装好耐张线夹，同时量好距离、缠好铝包带、卡好防振锤。

9. 挂线

组装绝缘子串，连接好耐张线夹，将起吊钢丝绳用铁丝拴在绝缘子串挂线侧第 3 片绝缘子上，如图 3-25 所示；再启动绞磨升线，使绝缘子串（带耐张线夹）逐渐靠近挂线点，由高处作业人员将绝缘子串与杆塔挂线点连接固定，图 3-26 所示；挂好导线并停磨。在挂线操作过程中，注意牵引量不能太大。挂好导线放松牵引前，高处作业人员出线调整好防振锤位置，调整好绝缘子碗口方向并清洁绝缘子。

图 3-25 升空挂线前的准备工作

图 3-26 挂线

10. 拆除所挂导线及工器具

先拆紧线端，后拆挂线端。启动绞磨适当收紧导线，在紧线操作杆塔上拆除耐张绝缘子串与杆塔的连接金具，依靠绞磨缓慢地将绝缘子串（带耐张线夹）放至地面，拆除绝缘子、耐张线夹、防振锤等附件，绞磨缓慢松出导线直至导线不带张力。用人力牵引的方式逐基杆塔将导线从放线滑车退出，在放线端将导线盘回线轴上，最后从挂线端杆塔上拆除绝缘子串与杆塔间的连接金具，由作业人员使用吊绳将绝缘子串（带耐张线夹）放至地面，拆除绝缘子、耐张线夹、防振锤等附件，将导线全部盘回线轴上。拆除杆塔上滑车、钢丝绳、绞磨、跨越架等工器具，清理作业现场后通知停电线路恢复送电。

11. 清理现场

（1）将工具、接地线、验电器、高压发生器等按要求运至指定地点。

（2）拆除安全措施，工作负责人向许可人汇报，清理现场作业废料。

12. 工作终结

（1）全面清理作业现场，清点工器具并归类装好，不得有遗留物。

（2）准备终结工作票，不得约时送电。

实训 10　LGJ-50 导线接续

　　输配电线路架线施工和检修更换导线作业过程中，导线的连接是其中的一项关键工序，"导线接续"属于隐蔽工程。导线的接续工艺是每一个线路作业人员必须了解的技能，应懂得该项作业的标准化作业程序和导线接续的质量要求，以保证线路的可靠运行，确保安全供电。导线的接续按接续方式可分为钳压连接、爆压连接、液压连接、插接、绑扎等，本模块介绍 LGJ-50 导线的钳压连接。

一、工作任务

　　根据现场实际情况，使用液压钳完成 LGJ-50 导线接续操作。

二、作业要求及危险点预防措施

1. 作业要求

（1）本项工作是输配电线路施工、检修工作内容之一，要求按照标准化作业程序操作。

（2）1 人操作、2 人辅助。

（3）现场作业人员应正确穿戴合格的工作服、工作鞋、安全帽和绝缘手套。

（4）按工作任务要求选择工器具及材料。

（5）作业人员应具备符合本项作业要求的身体素质和技能水平，精神状态良好。

（6）必要时应在工作区范围设立标示牌或护栏。

（7）在工作中遇有 6 级以上大风以及雷暴雨、冰雹、大雾、沙尘暴等恶劣天气时，应停止工作。

（8）作业人员应具备必要的安全生产知识，熟悉《国家电网公司电力安全工作规程（电力线路部分）》相关内容，并经年度考试合格。

2. 危险点预防措施

（1）危险点一：触电伤害。

预防措施：

1）工作前，对作业线路停电，在作业地段两端验电，并挂设合格接地线。

2）工作时，距离直线接续两导线端部适当位置应可靠接地。

3）设监护 1 人，加强监护，随时纠正其不规范或违章动作。

（2）危险点二：清洗用汽油燃烧。

预防措施：

1）清洗用汽油应远离明火。

2）作业现场不得吸烟。

3）监护人员应随时纠正作业人员的不规范或违章动作。

（3）危险点三：机械伤害。

预防措施：

1）作业人员应具有相应特种作业操作资质。

2）作业人员必须正确穿戴工作服、工作鞋、安全帽和绝缘手套。

3）防止锯伤、刺伤、压伤等机械伤害。

4）监护人员应随时注意，禁止无关人员在工作现场内逗留。

三、作业前准备

1. 工器具及材料选择

主要工器具及材料见表 3 - 19。工器具示例如图 3 - 27 所示。

表 3 - 19   液压钳完成 LGJ - 50 导线接续施工工器具及材料表

序号	名称	型号	数量	备注
1	游标卡尺		1 支	
2	细钢丝刷		1 把	
3	捅条		1 根	
4	棉纱		若干	
5	HP - 700A 手摇式液压泵		1 台	
6	EP - 610HS2 导线钳压管压接钳		1 个	
7	LGJ - 50 压模		1 个	
8	记号笔		1 支	
9	钢卷尺	5m	1 个	
10	平口钳		1 把	
11	木棰		1 把	
12	LGJ - 50 钢芯铝绞线		两段	
13	JT - 50 压接管		1 套	
14	细铁线		若干	
15	汽油		若干	
16	中性凡士林		若干	
17	红丹		若干	

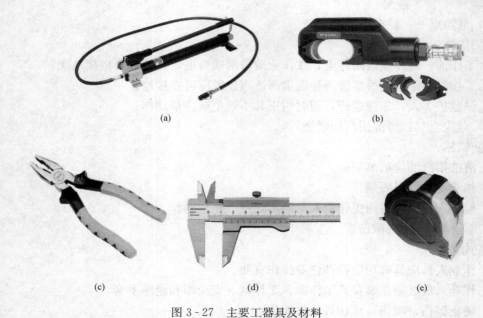

(a)   (b)

(c)   (d)   (e)

图 3 - 27   主要工器具及材料

(a) HP - 700A 手摇式液压泵；(b) EP - 610HS2 导线钳压管压接钳及压模；(c) 平口钳；(d) 游标卡尺；(e) 钢卷尺

2. 作业人员分工

液压钳完成 LGJ-50 导线接续施工人员分工见表 3-20。

表 3-20　　　　　　　　　液压钳完成 LGJ-50 导线接续施工人员分工

序号	工作岗位	人数	工作内容
1	工作负责人	1	负责作业过程中的安全监督、工作中突发情况的处理、工作质量的监督
2	操作人员	1	负责导线接续
3	辅助人员	2	辅助操作人员施工

四、作业程序

液压钳完成 LGJ-50 导线接续施工操作流程如下：

1. 前期准备工作

（1）规范填写和签发工作票，正确履行工作票手续。

（2）现场查勘必须由 2 人进行。现场核对停电线路名称、杆塔编号，双重编号无误；检查基础及杆塔，完好无异常；交叉跨越距离符合安全要求。

（3）核查风速、气温等天气情况符合作业条件。

（4）正确挂设安全围栏，悬挂标示牌，正确穿戴合格的安全帽、工作服、工作鞋、绝缘手套。

（5）不得在威胁作业人员安全的天气情况下作业。

（6）严禁无关人员、车辆进入作业现场。

2. 检查工器具及材料

（1）检查工器具外观和试验合格证，无遗漏，工器具外观检查合格，无损伤、变形、失灵现象，合格证在有效期内。

（2）安全带、防坠器、绝缘手套、验电器试验合格，对安全带、防坠器进行冲击试验，方法正确。

（3）对绝缘手套做充气试验，对验电器做验电试验，方法正确。

（4）检查导线、压接管的结构及规格，与工程设计相符，并符合国家标准的各项规定；压接管应平整光滑，无裂纹、砂眼、气泡等缺陷。

3. 割线

（1）掰直导线端部，根据导线损伤情况，确定割线位置并画印。

（2）用绑线在割线画印点两侧扎线，扎紧，防止散股。

（3）用断线钳割断导线，切口平面和线轴垂直，切口整齐；用锉刀修平钢芯断口毛刺。

4. 清洗

（1）用钢丝刷将两段导线接续部位（穿入铝管部分）表面的灰、黑色物质（氧化膜）及泥土全部刷去，至显露出银白色铝为止。

（2）用浸有汽油的棉纱头，将铝股和钢芯上的油垢擦净，用汽油喷灯对其进行干燥处理。钢芯铝绞线清洗长度，对先套入铝管端不短于铝管套入部位，对另一端应不短于半管长的 1.5 倍。

（3）在捅条一端缠绕适量棉纱，沾上汽油将连接管（铝管、钢管）清洗干净；清除影响穿管的锌疤与焊渣。

（4）对清洗后的导线（穿入铝管部分）铝股部分涂抹一层 801 电力脂，薄而均匀；用钢丝刷沿钢芯铝绞线轴线方向对已涂 801 电力脂部分进行擦刷，将液压后能与铝管接触的铝股表面全部刷到。

5. 剥铝股

（1）按照直线接续要求的尺寸，在两段导线端部画印 P，并用绑线在 P 点扎线。扎紧，防止散股。

（2）自两段导线端部钢芯端头 O 点，按照直线接续要求的尺寸，在铝股上画一割铝股印记 N。

（3）用手锯锯断 N 点对应的铝股，松开导线断头扎线，逐根剥去铝股；在去掉内层铝股之前，将端头铝股掰开，将露出的钢芯端头用绑线扎牢，扎紧，防止散股；切割内层铝股时，只割到每股直径的 3/4 处，然后将铝股逐股掰断。锯口平齐，不伤及钢芯。

6. 套铝管穿钢管

（1）先将一段导线端头套入铝管，露出钢芯。

（2）将已剥露的两段导线端头钢芯穿入钢管，对接到位；剥露的钢芯呈原绞制状态，否则应恢复。

（3）穿入时，应顺线股的绞制方向旋转推入，直至钢芯两端头在钢管内中点相抵，两边预留长度相等；在钢管中点画印 O 点；穿管后压接前须检查，穿管应到位。

7. 压钢管

（1）液压机的缸体应垂直于地平面，并放置平稳；液压管连接牢固。

（2）将钢管放入下钢模，位置正确；检查定位印记是否处于指定位置，双手把住管、线后合上模；两端线与管应端平，保持水平状态，并与液压机轴心相一致，防止管子压弯。

（3）启动液压机施压，第一模压模中心即钢管中心，由钢管中间向管口施压，先压一侧，再压另一侧。施压时，第一模压好后，应用游标卡尺检查压后边距尺寸，符合标准后再继续压接，相邻两模间至少重叠 5mm；每模都达到规定的压力，不以合模为压好的标准，且保持一定时间，使其变形充分；管子压完后有飞边的，应锉掉飞边。

（4）钢管压完，经检查符合要求后，找出钢管中点，在两端铝线上各量出 1/2 铝管长处画印 A。

（5）钢管压后锌皮脱落者，不论是否裸露于外，皆涂以富锌漆以防生锈；对压接部分铝线再次涂刷 801 电力脂，并擦刷氧化膜。

8. 穿铝管，压铝管

（1）将铝管顺铝绞线绞制方向推入，直到两端管口与铝线上定位印记 A 点重合。

（2）检查铝管上有无起压印记 N1；若无，则在钢管压后测其与铝线两端头的距离，据其在铝管上画好起压印记 N1；铝管对应钢管部分不得施压。

（3）更换液压机钢模后，将铝管放入下钢模，位置正确；检查定位印记是否处于指定位置，双手把住管、线后合上模；两端线与管应端平，保持水平状态，并与液压机轴心相一致，防止管子压弯。

（4）启动液压机，自铝管上起压印记按顺序施压。施压时，第一模压好后，应用游标卡尺检查压后边距尺寸，符合标准后再继续压接，相邻两模间至少重叠 5mm；每模都达到规定的压力，不以合模为压好的标准，且保持一定时间，使其变形充分；管子压完后有飞边的，应锉成圆弧状，500kV 线路导线还应用细砂纸将锉过处磨光。

9. 质量检测

（1）检查压接管外观，应平直、光滑。

（2）检查压接管压后边距尺寸，应符合标准并记录。

（3）压接管不应有肉眼可看出的扭曲及弯曲现象（弯曲度不得大于 2%），有明显弯曲时应用木槌将其校直，校直后不应出现裂缝。

（4）管端导线不得出现灯笼、抽筋。

（5）在压接管内两端管口朝上后，再涂以富锌漆。

10. 工作终结

（1）全面清理作业现场，检查临时接地线已拆除，清点工器具并归类装好，不得有遗留物。

（2）准备终结工作票，不得约时送电。

实训 11　测量铁塔接地装置接地电阻

测量铁塔接地装置接地电阻的工作，是每个线路作业人员特别是运行人员必须掌握的一项基本技能。运行人员在测量作业时，不按照标准化作业要求进行时有发生，从而造成测量的结果不准确，甚至发生人身伤亡事故。如果接地电阻超过设计值，当线路遭到雷击时，雷电流泄放入大地的效果不好，在杆塔上产生较高的电位，严重情况时会出现杆塔对导线反向击穿放电（见图 3-28），导致"反击"的发生，从而使线路设备遭到损坏。

图 3-28　反向击穿放点

确保线路的安全运行，准确地对线路杆塔接地装置的接地电阻进行测量，及时对接地电阻不合格的杆塔接地装置进行整治，是线路运行人员的责任。

一、工作任务

使用 ZC-8 型地阻测试仪测量铁塔接地装置接地电阻，要求 1 人独立完成。

二、作业要求及危险点预防措施

1. 作业要求

（1）本项工作是输配电线路施工、运行及维护工作内容之一，要求作业人员按照作业程序操作。

（2）1 人操作、1 人辅助、1 人监护。

（3）现场作业人员应正确穿戴合格的工作服、工作鞋、安全帽和绝缘手套。

（4）按工作任务要求选择工器具及材料。

（5）作业人员应具备符合本项作业要求的身体素质和技能水平，精神状态良好。

（6）必要时应在工作区范围设立标示牌或护栏。

（7）在拆卸和恢复接地装置时，操作人员必须戴绝缘手套。

（8）操作人员应爱护地阻仪，不得摔跌，必须轻拿轻放。

（9）中雨天气后或土壤比较潮湿的情况不安排测试；在工作中遇有6级以上大风以及雷暴雨、冰雹、大雾、沙尘暴等恶劣天气时，应停止工作。

（10）作业人员应具备必要的安全生产知识，熟悉《国家电网公司电力安全工作规程（电力线路部分）》相关内容，并经年度考试合格。

2. 危险点预防措施

危险点：防止电击伤害。

预防措施：装拆接地引下线时应正确戴绝缘手套，防止雷电或感应电伤人；当地阻测试仪的各测试线与地阻测试仪接线柱连接后，在有人与测试线的裸露部分接触时，禁止旋转摇柄，以防电击。

三、作业前准备

1. 工器具选择

主要工器具及材料见表3-21。工器具示例如图3-29所示。

表3-21　　　　使用 ZC-8 型地阻测试仪测量铁塔接地电阻工器具及材料表

序号	名称	型号	数量	备注
1	钢丝钳		1把	
2	活络扳手		2把	
3	地阻测试仪	ZC-80型	1台	全套
4	榔头		1把	
5	绝缘手套		1副	
6	接地针		2支	
7	安全帽		3顶	

2. 作业人员分工

使用 ZC-8 型地阻测试仪测量铁塔接地电阻人员分工见表3-22。

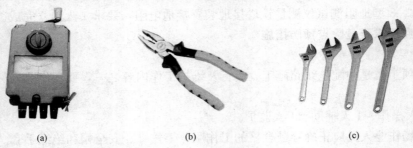

(a)　　　　　　　　　(b)　　　　　　　　　(c)

图3-29　主要工器具及材料（一）

(a) ZC-80型地阻测试仪；(b) 钢丝钳；(c) 活络扳手

(d)　　　　　　　　　　　　　　　(e)

图 3 - 29　主要工器具及材料（二）

(d) 榔头；(e) 接地针

表 3 - 22　　　　　　使用 ZC - 8 型地阻测试仪测量铁塔接地电阻人员分工

序号	工作岗位	人数	工作内容
1	工作负责人	1	负责作业过程中的安全监督、工作中突发情况的处理、工作质量的监督
2	操作人员	1	负责接地电阻测试
3	辅助人员	1	辅助操作人员施工

四、作业程序

使用 ZC - 8 型地阻测试仪测量铁塔接地电阻操作流程如下：

1. 前期准备工作

（1）规范填写和签发工作票，正确履行工作票手续。

（2）现场查勘必须由 2 人进行。现场核对停电线路名称、杆塔编号，双重编号无误；检查基础及杆塔，完好无异常；交叉跨越距离符合安全要求。

（3）核查风速、气温等天气情况符合作业条件。

（4）正确挂设安全围栏，悬挂标示牌。

（5）正确穿戴合格的安全帽、工作服、工作鞋、绝缘手套。

（6）不得在威胁作业人员安全的天气情况下作业。

（7）严禁无关人员、车辆进入作业现场。

2. 检查工器具及材料

（1）检查工器具外观和试验合格证，无遗漏，工器具外观检查合格，无损伤、变形、失灵现象，合格证在有效期内。

（2）安全带、防坠器、绝缘手套、验电器试验合格，对安全带、防坠器进行冲击试验，方法正确。

（3）对绝缘手套做充气试验，对验电器做验电试验，方法正确。

（4）检查地阻测试仪的电气零位、机械零位和灵敏度。

3. 仪器电气零位检查

测量前，应对仪器进行电气零位检查，以发现仪器的内部电路是否正确。检查时用短接线把 P1、P2、C1、C2 四个端子短接，滑线电阻指针调至"0"位，量程转换置于"×1"或"×10"挡，此时摇动地阻测试仪手柄，指针应指"0"位，若不指"0"，则此地阻测试仪应送修。

4. 仪器灵敏度检查

检查时用短接线把 P1、P2、C1、C2 四个端子短接，滑线电阻指针调至"1"Ω位置，量程转换置于"×0.1"挡，摇动测试仪手柄，若指针偏离"0"位 4 小格以上，则此仪器灵敏度合格。反之，则不合格，应送检。

5. 机械零位调整

测量时，将仪器水平放置在平地上，然后调整检流计的机械零位微调旋钮，使检流计的指针指在零位位置。

6. 检查测试线和测试棒

线体、测试线两端的鳄鱼夹、接线叉、测试棒需完好，各连接处牢固、紧密。

7. 测试地阻

（1）地阻测试仪选位。地面平整、摇测时，地阻测试仪不会簸动，且位置对同一基塔的多个测试点均可实现方便测量。

（2）施放测试线。横线路方向，C（电流测试线 40m）、P（电压测试线 20m）线相距大于 1m（平行不得交叉），如图 3-30 所示。

（3）打入测试棒。打入地的深度大于 0.6m，并打磨接触点。

（4）连接测试线。打磨接触点；C、P、E 及各连接点正确、接触良好（C1 连接 C 线，P1 连接 P 线，P2、C2 短接后连接 E 线，E 线另一端头连接被测试物体），如图 3-31 所示。

图 3-30　施放测试线

图 3-31　连接测试线

（5）拆卸接地引下线。戴绝缘手套一次拆卸完所有接地引下线并打磨接触点，将 E 线端头鳄鱼夹装在一个接地引下线端头上，接触良好。

（6）设置挡位。从最大挡位开始。

（7）旋转读数盘。从最大读数处开始。

（8）旋转摇柄。①由慢到快；②直至达 120r/min；③持续 5s 以上。摇测时，作业人员蹲于地阻测试仪手柄侧，左手掌根压在地阻测试仪一角，手指控制刻度盘及挡位旋钮，右手转动手柄，如图 3-32 所示。

图 3-32　摇测接地电阻

8. 读数并做好记录

在 120r/min、持续 5s 以上，表计指针与正中黑线重合不再左右摆动时，停止旋转摇柄，其刻度盘上的数据与倍率挡数之积即为所测接地电阻值，将其准确记录于接地电阻测试记录表格上。

9. 测试同塔的其他点

单基铁塔根据设计要求，可能不止一个接地点，会有多根接地引下线，测试接地电阻时应测试所有接地点的接地电阻。

（1）将连接在已测接地点的 E 线端头鳄鱼夹取下，夹在另一需测接地引下线的端头上。

（2）设置挡位。从最大挡位开始。

（3）旋转读数盘。从最大读数处开始。

（4）旋转摇柄。①由慢到快；②直至达 120r/min；③持续 5s 以上。

（5）读数并做好记录：在 120r/min，持续 5s 以上，表计指针与正中黑线重合不再左右摆动时，停止旋转摇柄，其刻度盘上的数据与倍率挡数之积即为所测接地电阻值，将其准确记录于接地电阻测试记录表格上。读数时，视线应垂直于地阻测试仪刻度盘面。

10. 恢复接地引下线

拆除各点接线，打磨除锈各接地连接点，戴上绝缘手套，恢复接地引下线，并使各连接点连接牢固可靠，如图 3 - 33 所示。

图 3 - 33　装拆接地引下线

11. 工作终结

全面清理作业现场，检查临时接地线已拆除，清点工器具并归类装好，不得有遗留物。准备终结工作票。

实训 12　倒落式人字抱杆整立 15m 钢筋混凝土电杆

架空输配电线路杆塔可分为钢筋混凝土电杆、铁塔、钢管杆等。混凝土杆按加工方法的不同可分为普通混凝土杆和预应力混凝土杆。混凝土杆组立有整体组立、分解组立两大类，整立组立应用较多。混凝土杆整立方法有叉杆立杆法、吊车立杆法、倒落式抱杆法和固定式抱杆法等，其中倒落式人字抱杆整立混凝土杆具有施工速度快、高处作业少等特点，是目前国内施工企业使用较多的一种立杆方法。

按每基所用混凝土杆数量，混凝土杆分为单杆、双杆、三联杆等，15m 混凝土单杆是架空配电线路中常用的杆型之一。采用倒落式人字抱杆整立 15m 混凝土杆（见图 3 - 34）是综合实训项目，以小组为单位完成实训和考核。

一、工作任务

完成倒落式人字抱杆整立 15m 混凝土杆施工。

图 3-34　倒落式人字抱杆整立 15m 混凝土杆

二、作业要求及危险点预防措施

1. 作业要求

(1) 本项工作系配电线路施工与检修工作内容之一，应按标准化作业程序进行。

(2) 主要材料：15m 混凝土杆 1 根、横担、抱箍及拉线（拉盘已预埋）等。

(3) 现场作业人员应正确穿戴合格的工作服、工作鞋、安全帽、绝缘手套。

(4) 按工作任务要求选择工器具及材料。

(5) 作业人员应具备符合本项作业要求的身体素质和技能水平，精神状态良好。

(6) 必要时应在工作区范围设立标示牌或护栏。

(7) 登杆前应对安全带、登杆工具进行检查，并做冲击试验，并对杆根、杆身、拉线进行检查，符合相应规定的要求。

(8) 登杆塔前，应认真核对停电线路名称、杆号，检查是否与工作票及派工单（作业任务单）上相符。

(9) 登杆时，首先选择登杆方向，要求沿同一个方向上、下。

(10) 在上、下杆过程中，应正确使用登杆工具。在杆上作业时，应正确使用安全带。

(11) 上杆塔后，登杆工具必须妥善放置，不得随意放置于横担上。

(12) 杆塔上作业所需的工器具及材料，必须使用绳索传递，不得抛掷；在使用吊绳上下传递物件时，吊绳的两端应分别在操作者的两侧，以免吊绳在使用过程中发生缠绕。

(13) 在工作中遇有 6 级以上大风以及雷暴雨、冰雹、大雾、沙尘暴等恶劣天气时，应停止工作。

(14) 作业人员应具备必要的安全生产知识，熟悉《国家电网公司电力安全工作规程（电力线路部分）》相关内容，并经年度考试合格。

2. 危险点预防措施

(1) 危险点一：倒杆伤人。

预防措施：

1）统一指挥，统一信号，分工明确，对施工工艺和方法进行技术交底，明确各岗位职责。

2）要使用合格的起重工器具，严禁超载使用；钢丝绳套严禁以小代大使用。

3）起吊钢丝绳应绑在混凝土杆适当的位置，防止混凝土杆突然颠倒。

4）杆根监视人应站在杆根侧面，下坑操作时应停止牵引。

5）已经立起的混凝土杆，只有安装全部永久拉线后，方可去除牵引绳和临时拉线。

6）混凝土杆上有人工作时，不得调整或撤除临时或永久拉线。

7）加强作业过程的监护。

（2）危险点二：作业过程中，高处坠落伤人。

预防措施：高处作业应使用安全带，戴安全帽；杆上转移作业位置时，不得失去安全带的保护。

（3）危险点三：作业过程中，高处坠物伤人。

预防措施：

1）混凝土杆上作业防止掉东西，使用工器具、材料等放在工具袋内，工器具的传递要使用传递绳。

2）施工现场除必要的工作人员外，其他人员应离混凝土杆1.2倍杆高以外，吊件垂直下方、受力钢丝绳的内角侧严禁有人。

3）现场作业人员必须戴好安全帽，严禁非作业人员进入作业现场。

三、作业前准备

1. 工器具选择

主要工器具及材料见表3-23。主要工器具如图3-35所示。

表3-23　　　　倒落式人字抱杆整立15m混凝土杆施工工器具及材料表

序号	名称	型号	数量	备注
1	绞磨	3t	1台	
2	铝合金人字抱杆	300mm×300mm×9m	一套	
3	主牵引钢丝绳	ϕ13mm×150m	1台	全套
4	铁棒桩		12根	
5	风绳	ϕ9.3mm×50m	2根	钢丝绳
6	吊绳	ϕ15.5mm×20m	1根	钢丝绳
7	制动绳		1套	
8	钢丝绳套	ϕ15.5mm×12m	8根	
9	白棕绳	ϕ18mm×25m	4根	
10	二锤		4把	
11	皮尺		1把	
12	铁锹		2把	

序号	名称	型号	数量	备注
13	钢钎		4根	
14	铁滑车	3t	3个	
15	冲锤		1把	
16	卸扣	5t	5个	
17	凹形螺栓	φ22mm×1	1个	
18	钢丝钳		2把	
19	活络扳手		2把	
20	撬棍		3根	
21	混凝土杆	15m	1根	
22	横担		1根	
23	抱箍及拉线		若干	

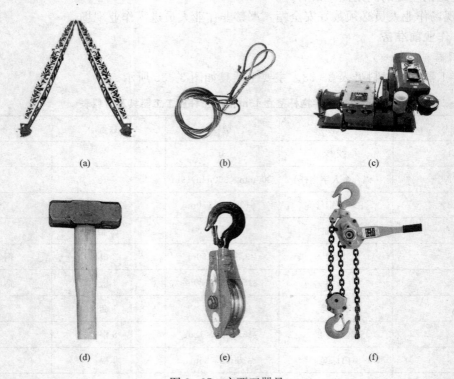

(a) (b) (c)

(d) (e) (f)

图 3-35　主要工器具

(a) 铝合金人字抱杆；(b) 钢丝绳套；(c) 绞磨；(d) 二锤；(e) 铁滑车；(f) 手扳葫芦

2. 作业人员分工

倒落式人字抱杆整立 15m 混凝土杆施工人员分工见表 3 - 24。

表 3 - 24　　　　　　　　倒落式人字抱杆整立 15m 混凝土杆施工人员分工

序号	工作岗位	人数	工 作 内 容
1	工作负责人	1	负责作业过程中的安全监督、工作中突发情况的处理、工作质量的监督
2	安全员	1	负责作业过程中的安全监护，及时纠正不安全行为
3	绞磨操作人员	3	负责绞磨的指挥与操作、尾绳控制，必须服从工作负责人的指挥
4	牵引地锚监视	1	在起立的整个过程中，若锚桩有异常情况应立即向工作负责人报告
5	制动地锚监视	1	
6	制动操作	1	听从工作负责人的指挥，适时调节杆根制动，使杆根顺利进入杆坑
7	抱杆根、钢筋混凝土单杆根监视和脱帽操作	2	负责控制抱杆根，监视杆根顺利进入底盘，抱杆脱帽时控制其缓慢放下，避免造成振动
8	风绳控制	3	根据钢筋混凝土单杆起立过程的不同位置，适时调整风绳的松紧，以保证钢筋混凝土杆的中心不发生偏移

四、作业程序

倒落式人字抱杆整立 15m 混凝土杆施工操作流程如下：

1. 前期准备工作

(1) 规范填写和签发工作票，正确履行工作票手续。

(2) 现场查勘必须由 2 人进行。现场核对停电线路名称、杆塔编号，双重编号无误；检查基础及杆塔，完好无异常；交叉跨越距离符合安全要求。

(3) 核查风速、气温等天气情况符合作业条件。

(4) 正确挂设安全围栏；悬挂标示牌。

(5) 正确穿戴合格的安全帽、工作服、工作鞋、绝缘手套。

2. 检查工器具

(1) 将工器具按要求准备齐备并摆放整齐，检查工器具外观和试验合格证，无遗漏，工器具外观检查合格，无损伤、变形、失灵现象，合格证在有效期内。

(2) 安全带、防坠器、绝缘手套、验电器试验合格，对安全带、防坠器进行冲击试验，方法正确。

3. 挖杆坑、拉线坑、埋拉盘

(1) 杆坑深度应符合设计规定 (15m 杆 2.2m 深)。

(2) 宽度应符合设计要求，坑应找水平，允许偏差＋100～－50mm。

(3) 在拉线坑中向下放拉线盘时，应用绳索缓慢放下，新挖的拉线坑应开好合格的拉线角度。

（4）拉线棒外露地面 500～700mm。

4. 现场布置

（1）主牵引（倒扳滑车）地锚与基坑中心的距离为杆高的 1.5 倍；主牵引绳与地面夹角不大于 30°。

（2）绞磨地锚位置距离主牵引地锚 8m；牵引绳转角 20°左右为宜，不应大于 45°；绞磨应摆放平整，主牵引绳在绞磨磨芯上缠绕 5 圈。

（3）制动绳地锚与基坑中心的距离为杆高的 1.5 倍；制动绳一端应固定在杆根 200～300mm 处，并缠绕 2 圈收紧，卸扣应置于钢筋混凝土单杆底部，防止制动绳受力后向上滚动，从而失去制动的效果。

（4）15m 的锥形杆选两吊点，从距杆顶处 2.5m 是第一吊点，距杆顶处 7.5m 是第二吊点。

（5）抱杆组装好之后，抱杆顶固定好抱杆帽，抱杆上部应附有控制绳，以控制抱杆在脱帽后缓慢落地；将吊绳通过抱杆顶定滑车，两端固定在钢筋混凝土单杆的两处吊点上；将抱杆两脚放到杆坑两侧合适的位置，抱杆座位距离基坑中心为杆高的 1/5。抱杆两脚连线应垂直于牵引方向；抱杆根开取抱杆有效长度的 1/3，用钢丝绳将抱杆脚连接并锁紧、用钢钎固定住抱杆脚，以免抱杆在起立过程中滑移，抱杆顶部与杆坑中心在一条直线上；部分工作人员用人力起立抱杆，在抱杆对地夹角到 30°时，开动绞磨牵引抱杆，将抱杆缓缓升起至吊绳受力后停止牵引，抱杆起立初始角应为 60°～70°。

（6）临时拉线（风绳）地锚位置为杆高的 1.2 倍，风绳编号可根据现场实际情况而定；3 根风绳（与牵引方向相反方向布置一根，垂直于牵引方向的杆身两侧各布置一根）应固定在杆顶下 1.5m 处；垂直于杆身方向两边的风绳与中心线夹角为 60°，与牵引方向相反的风绳可与制动绳同地锚；风绳长 25m 左右。工作负责人按照施工设计要求，组织作业人员进行施工现场布置，确保整立混凝土杆受力体系中四点一线，即主牵引绳、杆坑中心、人字抱杆顶、制动地锚中心在同一条直线上，严禁偏移，以保证在起吊过程中受力均匀。

5. 混凝土杆起立前各岗位的检查

（1）立杆指挥会同安全员负责检查项目：抱杆顶、主牵引地锚中心、制动绳地锚中心、杆身中心是否在同一垂直面内。检查可用目测，也可采用经纬仪观测；混凝土杆组装是否完全符合设计图纸要求；混凝土杆接头的防腐措施是否已完整；混凝土杆坑内有无积水，若有应立即排除。应设立安全监督岗及危险区保护围栏，严禁非作业人员进入 1.2 倍杆高作业区内。

（2）杆根操作人应检查的项目：吊绳受力是否均匀，规格是否符合要求；绑扎位置是否正确、牢靠；吊绳的平衡滑车挂钩及活门是否封闭；抱杆位置是否正确；防沉、防滑措施是否可靠；抱杆脱帽的控制绳是否绑好。

（3）制动系统操作人应检查项目：制动器上制动钢丝绳有无压叠，有无妨碍操作的绳索或物件；制动绳在主杆根部绑扎位置是否正确、牢固；制动绳与地锚的连接是否牢固。

（4）主牵引系统操作人应检查的项目：主牵引的复滑车组钢丝绳是否打绞，复滑车组的定滑轮与地锚的连接是否牢固，动滑轮的防翻转重物是否绑扎牢固；绞磨绳是否经过倒扳滑车进入机动绞磨；复滑车组的收缩长度能否满足混凝土杆立正的要求，避免滑车碰头；绞磨是否运转可靠，是否锚固，方向是否正确。

（5）临时拉线系统操作人应检查的项目：拉线长度能否满足立杆要求，控制装置是否可靠，与其他绳索有无交叉压叠，所在地面及上方有无其他障碍物，立杆过程是否会碰阻。

各岗位操作人员检查完毕应向指挥人报告。如有需要处理的问题，必须经指挥人同意再作处理，严禁边立杆边处理遗留问题。

6. 立杆

（1）各作业点检查无问题后即发令起吊，当混凝土杆头部起立至离开地面约 1m 时，应停止牵引，安排 1 人至混凝土杆头部，上下用力抖动以对混凝土杆做冲击试验；同时检查各地锚受力位移情况、各索具间的连接情况及受力后有无异常，检查抱杆的工作状况，检查混凝土杆各吊点及杆身有无明显弯曲现象等。

（2）冲击试验结束后继续牵引立杆。随着混凝土杆的缓缓起立，制动绳操作人应根据看杆根人的指挥缓慢松出，使杆根逐渐靠近底盘。两侧临时拉线应根据指挥人的命令进行收紧或放松，使拉线呈松弛状态。

（3）抱杆接近失效时，牵引速度应放慢，整立后放临时拉线；如为永久拉线代替后放临时拉线时，应将拉线理顺，防止出现交叉、弯勾或压叠。调整制动绳，使杆根接触底盘，以保持混凝土杆稳定。

（4）抱杆失效时，应停止牵引，缓慢松出抱杆脱帽拉绳，使抱杆缓缓落地。拉绳操作人必须站在抱杆的外侧。如果抱杆脱帽不顺利，可先脱出一根，再缓慢牵引脱出另一根。两根抱杆落地后，抽出拉绳。

（5）混凝土杆起立至 60°～70°时，继续调整制动绳，使混凝土杆杆根对准底盘中心就位。后放临时拉线应开始稍微受力，并随混凝土杆的起立而慢慢松出。

（6）当混凝土杆立至 80°～85°时，应停止牵引，缓慢松出后方可拉线，利用牵引索具的质量及张力使混凝土杆立正，或者用人压牵引索具的办法使混凝土杆立正。

（7）用经纬仪在顺线路和横线路两个方向上观测混凝土杆是否垂直地面，符合要求后即安装永久拉线。

7. 回填

（1）钢筋混凝土杆立好后回填土块，土块应打碎，土中可掺小石块，但树根杂草必须清除。

（2）每回填 300mm 应夯实一次，回填土应在钢筋混凝土单杆基面垒 300mm 的防沉土台。

（3）松软土质的杆坑，回填土应增加夯实次数。

8. 校正

钢筋混凝土杆的校正在回填土时进行，校正后应符合下列标准：

（1）直线杆和转角杆横向位移不得大于 50mm，钢筋混凝土单杆倾斜杆梢位移不大于 1/2 梢径。

（2）转角杆应向外角预偏，紧线后不应向拉线反向倾斜，杆梢位移不大于梢径。

（3）终端杆应向拉线侧预偏，紧线后不应向拉线反向倾斜，杆梢位移不大于梢径。

9. 拉线制作

（1）按设计图纸进行永久拉线的制作和安装。拉线棒外露地面部分长度为 500～700mm。

（2）断线后拉线绝缘子对地距离不小于 2.5m。

（3）拉线固定在横担下不大于 0.3m 处，与钢筋混凝土单杆夹角为 45°，若受地形限制，不应小于 30°。

10. 工作终结

（1）全面清理作业现场，检查临时接地线已拆除，清点工器具并归类装好，不得有遗留物。

（2）准备终结工作票。

（3）作业结束后，工作负责人对施工质量、工艺标准自检验收；运行单位人员对作业质量进行验收。

第四章 输电线路检修实训项目

实训1 110kV 线路塔材补缺

一、工作任务

完成 110kV 线路铁塔缺失塔材的加工及安装。

二、作业要求及危险点预防措施

1. 作业要求

（1）杆塔上作业应在良好的天气下进行，在工作中遇有 6 级以上大风以及雷暴雨、冰雹、大雾、沙尘暴等恶劣天气时，应停止工作。在工作中遇雷、雨、大风或其他任何情况威胁作业人员的安全时，工作负责人或专职监护人可根据情况，临时停止工作。

（2）在带电杆塔上（同杆塔架设的多回线路中，部分线路停电检修）工作，作业人员活动范围及其所携带的工具、材料等，对带电导线的最小安全距离不得小于表 4-1 的规定。

表 4-1 在带电线路杆塔上工作与带电导线最小安全距离

电压等级（kV）	安全距离（m）	电压等级（kV）	安全距离（m）
66、110	1.5	±500	6.8
220	3.0	750	8.0
330	4.0	±800	10.1
500	5.0	1000	9.5

停电检修的线路如与另一回带电线路相交叉或接近，作业人员和工器具对带电导线的最小安全距离不应小于表 4-2 的规定，否则，另一回线路也应停电并予以接地。

表 4-2 邻近或交叉其他电力线工作的安全距离

电压等级（kV）	安全距离（m）	电压等级（kV）	安全距离（m）
66、110	3.0	±500	7.8
220	4.0	750	9.0
330	5.0	±800	11.1
500	6.0	1000	10.5

（3）作业人员精神状态良好，熟悉工作中保证安全的组织措施和技术措施；应持有在有效期内的高处作业和高压电工等特种工作证。

（4）在 110kV 实训线路铁塔上进行作业。

2. 危险点预防措施

（1）危险点一：触电伤害。

预防措施：

1）登塔前必须仔细核对线路双重名称，防止误登杆塔。

2）保持人身、工器具与带电体有足够的安全距离。

3）正确穿着工作鞋或静电防护服，防止感应触电。

（2）危险点二：高处坠落。

预防措施：

1）登塔时应手抓主材，有防坠装置的应正确使用。

2）上下杆及杆塔上转位时，双手不得携带任何工具物品。

3）塔上作业时不得失去安全带的保护，安全带不得低挂高用。

（3）危险点三：高处坠物伤害。

预防措施：

1）工具、材料应装在工具袋内，物品用绳索传递并绑牢。

2）塔下防止行人逗留，地面人员不得站在作业点下方。

三、作业前准备

1. 工器具及材料选择

开展本次工作所需要的工器具及材料见表 4-3，如图 4-1～图 4-3 所示。

表 4-3　　　　　　　　110kV 线路塔材补缺项目工器具及材料

类别	名称	规格型号	数量	备注
专用工具	安全帽		5 顶	
	双保险安全带		2 根	
	传递绳	白棕绳 $\phi 18 \times 30m$	1 根	
	验电器		1 支	与所检修电压等级一致
	绝缘手套		1 双	
	接地线	截面积不小于 $25mm^2$	2 套	
	个人保安线	截面积不小于 $16mm^2$	1 根	
	风速、温度测试仪		1 套	
	防潮垫布		1 张	
	安全围栏		若干	
个人工具	钢卷尺	175mm	1 把	
	活络扳手	25cm	2 把	
	工具包		1 个	
材料	螺栓	$\phi 16$	若干	
	螺栓	$\phi 20$	若干	
	螺栓	$\phi 24$	若干	
	角钢	L 30×40	若干	
	角钢	L 40×50	若干	
	防油漆		1 桶	

图 4-1 专用工具

（a）安全帽；（b）安全带；（c）绝缘手套；（d）个人保安线；（e）验电器；

（f）接地线；（g）传递绳；（h）冲孔机；（i）角钢切割机

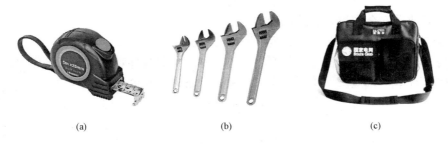

图 4-2 个人工具

（a）钢卷尺；（b）活络扳手；（c）工具包

2. 作业人员分工

110kV 线路塔材补缺作业人员分工见表 4-4。

(a)

(b)

图 4-3 材料

（a）螺栓；（b）角钢

表 4-4   110kV 线路塔材补缺作业人员分工

序号	工作岗位	数量（人）	工 作 职 责
1	工作负责人	1	负责现场指挥工作，如人员分工、工作前的现场勘察、作业方案的制定、工作票的填写，办理工作许可手续，召开工作班前会，负责作业过程中的安全监督、工作中突发情况的处理、工作质量监督、工作后的总结
2	高处作业人员	1~2	负责安装塔材工作
3	地面辅助人员	1~2	负责传递工器具、材料等地面辅助工作

四、作业程序

（一）操作流程

110kV 线路塔材补缺操作流程如下：

1. 前期准备工作

（1）规范填写和签发工作票，正确履行工作票手续。

（2）现场查勘必须由 2 人进行。现场核对停电线路名称、杆塔编号，双重编号无误；检查基础及杆塔，完好无异常；交叉跨越距离符合安全要求；统计缺失的塔材、螺栓规格尺寸和数量。

（3）核查风速、气温等现场天气情况符合作业条件。

（4）正确装设安全围栏，悬挂标示牌。

2. 检查工器具

（1）将工器具按要求准备齐全并摆放整齐，检查工器具外观和试验合格证，无遗漏，工器具外观检查合格，无损伤、变形、失灵现象，合格证在有效期内。

（2）安全带、防坠器、绝缘手套、验电器试验合格，对安全带、防坠器做冲击试验，方法正确。

（3）对绝缘手套做充气试验，对验电器做验电试验，方法正确。

3. 停电

调度通知工作负责人确认被检修线路已停电，安全措施已完备，许可开始工作。不得约时停电，再次确认停电线路名称及杆塔编号准确无误。

4. 登塔

(1) 携带吊绳，方法正确。

(2) 安全带腰绳和后备保护绳斜挎在肩上。

(3) 脚踩脚钉、手抓主材、匀步登塔至作业点。

5. 验电

作业人员手持验电器尾部，应使验电部分逐渐靠近导线，根据有无火花和放电声来判断导线有无电压，逐相验电。

6. 安装接地线

(1) 验明导线无电压后，正确安装接地线，先安装接地端，后安装导线端。

(2) 接地线连接可靠，不得缠绕。

7. 系好安全带

在合适位置系好安全带的腰绳和后备保护绳，脱离防坠器。安全带应系在牢固构件上，扣环应扣牢。

8. 安装个人保安线

在合适位置挂好个人保安线，先装接地端，后装导线端。个人保安线应装设牢固，防止脱落。

9. 补装塔材

(1) 作业人员对现场丢失的塔材、螺栓的数量和规格尺寸进行统计、测量，根据杆塔设计图纸选择角钢的规格尺寸，利用角钢切割机、冲孔机进行加工，然后进行补装。

(2) 在地面上技工配合下将待装角钢、螺栓起吊至合适位置后进行安装。安装方法为：作业人员采用螺栓连接构件时，螺栓应与构件垂直，螺栓头平面与构件不应有空隙；螺母拧紧后，螺杆露出螺母的长度应满足规程要求（对平）；必须加垫者，每端不宜超过两个。

10. 塔上检查

对杆塔各部件进行检查，确认无遗漏或缺陷。

11. 清点个人工器具

检查工具包内个人工器具无遗漏。

12. 下塔

(1) 挂好防坠器。

(2) 从塔材上取下并整理好安全带，正确携带吊绳，脚踩脚钉、手抓主材、匀步下塔至地面。

13. 拆除接地线

(1) 拆除接地线，先取导线端、后取接地端。

(2) 整理好接地线，吊下至地面，方法正确。

14. 工作终结

(1) 全面清理作业现场，检查临时接地线已拆除，清点工器具并归类装好，不得有遗留物。

(2) 准备终结工作票。

（二）主要操作示例图

(1) 前期准备工作操作如图 4-4 所示。

(2) 补装塔材操作如图 4-5 所示。

图 4-4　统计丢失塔材

图 4-5　补装塔材

（三）线路塔材补缺竣工验收内容

（1）检查螺栓、塔材连接紧固、完好。

（2）检查线路设备上有无遗留工具、材料。

（3）检查核对安全用具、工器具数量。

（4）回收废弃角钢，清理现场杂物，做到工完场清。

五、相关知识

1. 补装塔材、螺栓作业时，螺栓的穿入方向要求

（1）立体结构。

1）水平方向者由内向外。

2）垂直方向者由下向上。

3）斜向者宜由下向斜上穿，不便时应在同一斜面内取统一方向。

（2）平面结构。

1）顺线路方向者由送电侧向受电侧或按统一方向。

2）横线路方向者由内向外，中间由左向右（面向受电侧）或按统一方向。

3）垂直方向者由下向上。

4）斜向者宜由下向斜上穿，不便时应在同一斜面内取统一方向。

需要注意的是，个别螺栓不易安装时，穿入方向允许变更处理。

2. 连接螺栓扭紧力矩

连接螺栓应逐个紧固，其扭紧力矩不应小于表 4-5 所列规定值。

表 4-5　　　　　　　　　　　　　连接螺栓扭紧力矩规定值

序号	螺栓规格	扭矩值（N·cm）	
		4.8 级	6.8 级
1	$\phi 16$	800	10 000
2	$\phi 20$	10 000	12 500
3	$\phi 24$	25 000	312 520

3. 螺栓性能等级的标记和标志

螺栓的性能等级分别有 3.6、4.6、4.8、5.6、5.8、6.8、8.8、9.8、10.9、12.9 等多个等级，其中 8.8 级以上螺栓材质为低碳合金钢或中碳钢并经热处理（淬火、回火），通称

为高强度螺栓，其余通称为普通螺栓。

螺栓性能等级的标记由两部分数字组成，具体含义如下：

$$\underline{X} \quad \cdot \quad \underline{Y}$$

注：$\underline{X}$——公称抗拉强度的 $1/1000$；

　　$\underline{\cdot}$——分隔符；

　　$\underline{Y}$——屈强比的 10 倍（屈强比＝$\dfrac{公称屈服强度}{公称抗拉强度}$）。

性能等级 4.8 级的螺栓，其含义是：

（1）螺栓材质公称抗拉强度为 400MPa。

（2）螺栓材质的屈强比值为 0.8。

（3）螺栓材质的公称屈服强度为 $400 \times 0.8 = 320$（MPa）。

实训 2　使用经纬仪检测直线铁塔倾斜度

一、工作任务

完成使用经纬仪检测直线铁塔倾斜度。

二、作业要求及危险点预防措施

1. 作业要求

（1）杆塔上作业应在良好的天气下进行，在工作中遇有 6 级以上大风以及雷暴雨、冰雹、大雾、沙尘暴等恶劣天气时，应停止工作。在工作中遇雷、雨、大风或其他任何情况威胁工作人员的安全时，工作负责人或专职监护人可根据情况，临时停止工作。

（2）在带电杆塔上（同杆塔架设的多回线路中，部分线路停电检修）工作，作业人员活动范围及其所携带的工具、材料等，对带电导线的最小安全距离不得小于表 4-1 的规定。停电检修的线路如与另一回带电线路相交叉或接近，作业人员和工器具对带电导线的最小安全距离不应小于表 4-2 的规定，否则，另一回线路也应停电并予以接地。

（3）作业人员精神状态良好，熟悉工作中保证安全的组织措施和技术措施；应持有在有效期内的高处作业和高压电工等特种工作业证。

（4）对 110kV 线路直线塔进行检测作业。

2. 危险点预防措施

（1）危险点一：触电伤害。

预防措施：

1）加强作业过程的监护。

2）作业人员与带电体最小安全距离不小于表 4-1 和表 4-2 的规定。

（2）危险点二：高处坠落。

预防措施：

1）高处作业人员登塔前必须具备符合本项作业要求的身体状况、精神状态和技能素质。

2）高处作业人员应先检查脚钉是否牢固、鞋底是否清洁，加挂防坠器，手抓主材、脚踩脚钉、匀步登（下）塔。

3）监护人员应随时纠正作业人员的不规范或违章动作，重点注意在转位的过程中不得失去安全带的保护，安全带严禁低挂高用。

（3）危险点三：交通事故。

预防措施：密切注意途经工作场地的车辆，防止交通事故。

三、作业前准备

1. 工器具及材料选择

本工作任务所需要的工器具及材料见表4-6，如图4-6～图4-8所示。

表4-6　　　　　　　　使用经纬仪检测直线铁塔倾斜度项目工器具及材料

工具类别	工具名称	工具型号	数量	备注
专用工具	光学经纬仪	TDJ2E	1台	
	安全帽		4顶	
	安全带		1根	
个人工具	钢卷尺	3m	1把	
	函数计算器		1个	
	记录本		1个	
	记录笔		1支	
	工具包		1个	
现场资料	铁塔组装图		1份	

  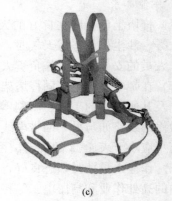

（a）　　　　　　　　（b）　　　　　　　　（c）

图4-6　专用工具

（a）经纬仪；（b）安全帽；（c）安全带

（a）　　　　　　　　（b）　　　　　　　　（c）

图4-7　个人工具（一）

（a）钢卷尺；（b）活络扳手；（c）工具包

(d)　　　　　　　　　　　　(e)

图 4-7　个人工具（二）

（d）计算器；（e）记录本

图 4-8　铁塔组装图

2. 作业人员分工

使用经纬仪检测直线铁塔倾斜度作业人员分工见表 4-7。

表 4-7　　　　　　　　使用经纬仪检测直线铁塔倾斜度作业人员分工

序号	工作岗位	人数（人）	工 作 职 责
1	工作负责人	1	负责现场指挥工作，如人员分工、工作前的现场勘察、作业方案的制定、工作票的填写，办理工作许可手续，召开工作班前会，负责作业过程中的安全监督、工作中突发情况的处理、工作质量监督、工作后的总结
2	塔上作业人员	1	负责上塔协助测量人员进行数据测量
3	测量人员	1	负责使用光学经纬仪对铁塔倾斜度的测量
4	记录人员	1	负责本次工作数据的记录

四、作业程序

使用经纬仪检测直线铁塔倾斜度操作流程如下：

1. 前期准备工作

（1）规范填写和签发工作票，正确履行工作票手续。

（2）查找出需检查铁塔的组装图，确定测试参数、拟定测量方案。

（3）现场查勘必须由 2 人进行。现场核对停电线路名称、杆塔编号，双重编号无误；检查基础及杆塔，完好无异常；交叉跨越距离符合安全要求。

（4）核查风速、气温等现场天气情况符合作业条件要求。

（5）正确装设安全围栏，悬挂标示牌。

2. 检查工器具

（1）将工器具按要求准备齐全并摆放整齐，检查工器具外观和试验合格证，无遗漏。

（2）对安全带、防坠器做冲击试验，方法正确。

3. 登塔

（1）安全带腰绳和后备保护绳斜挎在肩上。

（2）脚踩脚钉、手抓主材、匀步登塔至铁塔小号侧接腿横材处。

（3）不得失去安全保护，防止安全带挂钩挂塔材，人体与导线保持足够的安全距离。

（4）禁止手抓脚钉，全程使用防坠器。

4. 系好安全带

在合适的位置系好安全带的腰绳和后备保护绳，脱离防坠器；安全带应系在牢固构件上，扣环应扣牢。

5. 测量铁塔大号侧正面倾斜值 Δx_1

（1）在铁塔大号侧正面线路中线上架设经纬仪，架设位置距塔 60～70m。

（2）整平，水准管在任意方向都居中。

（3）经纬仪十字丝中心瞄准铁塔横担断面中心螺栓。

（4）经纬仪视线下移，从望远镜中找到铁塔接腿横材。测量人员指挥塔上作业人员在铁塔大号侧接腿横材中心处拉开钢卷尺，将钢卷尺刻度侧面向经纬仪。从经纬仪望远镜中读出钢卷尺上所对应的十字丝竖线至铁塔接腿横材中心螺栓距离，定为铁塔大号侧正面倾斜值 Δx_1，并记录。

6. 测量铁塔小号侧正面倾斜值 Δx_2

（1）在铁塔小号侧正面线路中线上架设经纬仪，架设位置距塔 60～70m。

（2）整平，水准管在任意方向都居中。

（3）经纬仪十字丝中心瞄准铁塔横担断面中心螺栓。

（4）经纬仪视线下移，从望远镜中找到铁塔接腿横材。测量人员指挥塔上作业人员在铁塔小号侧接腿横材中心处拉开钢卷尺，将钢卷尺刻度侧面向经纬仪。从经纬仪望远镜中读出钢卷尺上所对应的十字丝竖线至铁塔接腿横材中心螺栓距离，定为铁塔小号侧正面倾斜值 Δx_2，并记录。

7. 测量铁塔左侧侧面倾斜值 Δy_1

（1）在铁塔左侧侧面，通过塔位中心桩与线路中线的垂线上架设经纬仪，架设位置距塔 60～70m。

（2）整平，水准管在任意方向都居中。

（3）经纬仪十字丝中心瞄准铁塔横担断面中心螺栓。

（4）经纬仪视线下移，从望远镜中找到铁塔接腿横材。测量人员指挥塔上作业人员在铁塔左侧接腿横材中心处拉开钢卷尺，将钢卷尺刻度侧面向经纬仪。从经纬仪望远镜中读出钢卷尺上所对应的十字竖线至铁塔接腿横材中心螺栓距离，定为铁塔左侧侧面倾斜值 Δy_1，并记录。

8. 测量铁塔右侧侧面倾斜值 Δy_2

（1）在铁塔右侧侧面，通过塔位中心桩与线路中线的垂线上架设经纬仪，架设位置距塔 60～70m。

（2）整平，水准管在任意方向都居中。

（3）经纬仪十字丝中心瞄准铁塔横担断面中心螺栓。

（4）经纬仪视线下移，从望远镜中找到铁塔接腿横材。测量人员指挥塔上作业人员在铁塔右侧接腿横材中心处拉开钢卷尺，将钢卷尺刻度侧面向经纬仪。从经纬仪望远镜中读出钢卷尺上所对应的十字丝竖线至铁塔接腿横材中心螺栓距离，定为铁塔右侧侧面倾斜值 Δy_2，并记录。

9. 汇报

测量完毕，测量人员向工作负责人汇报测量工作结束。工作负责人检查数据记录后，允许塔上作业人员返回地面。

10. 下塔

（1）挂好防坠器。

（2）从塔材上取下并整理好安全带，脚踩脚钉、手抓主材、匀步下塔至地面。

11. 计算测量段铁塔高度

查图计算测量段铁塔高度。

12. 计算铁塔结构倾斜度 Δx

计算铁塔结构倾斜度：

（1）当 Δx_1 与 Δx_2 在横线路方向不同侧时，$\Delta x=（|\Delta x_1-\Delta x_2|）/2$。

（2）当 Δx_1 与 Δx_2 在横线路方向同一侧时，$\Delta x=（|\Delta x_1+\Delta x_2|）/2$。

（3）当 Δy_1 与 Δy_2 在顺线路方向不同侧时，$\Delta x=（|\Delta y_1-\Delta y_2|）/2$。

（4）当 Δy_1 与 Δy_2 在顺线路方向同一侧时，$\Delta x=（|\Delta y_1+\Delta y_2|）/2$。

13. 判断铁塔结构倾斜是否合格

判断直线塔结构倾斜是否合格，根据 DL/T 741—2010《架空输电线路运行规程》规定：50m 及以上高度直线塔倾斜度不大于 5‰，50m 以下高度直线塔倾斜度不大于 10‰。

14. 工作终结

（1）全面清理作业现场，清点工器具并归类装好，不得有遗留物。

（2）准备终结工作票，不得约时送电。

实训 3　线路耐张塔验电及挂设接地线

一、工作任务

完成线路耐张塔验电及挂设接地线。

二、作业要求及危险点预防措施

1. 作业要求

（1）杆塔上作业应在良好的天气下进行，在工作中遇有 6 级以上大风以及雷暴雨、冰雹、大雾、沙尘暴等恶劣天气时，应停止工作。在工作中遇雷、雨、大风或其他任何情况威胁工作人员的安全时，工作负责人或专职监护人可根据情况，临时停止工作。

（2）在带电杆塔上（同杆塔架设的多回线路中，部分线路停电检修）工作，作业人员活动范围及其所携带的工具、材料等，对带电导线的最小安全距离不得小于表 4-1 的规定。停电检修的线路如与另一回带电线路相交叉或接近，作业人员和工器具对带电导线的最小安全距离不应于表 4-2 的规定，否则，另一回线路也应停电并予以接地。

（3）作业人员精神状态良好，熟悉工作中保证安全的组织措施和技术措施；应持有在有效期内的高处作业和高压电工等特种工作作业证。

（4）在110kV线路耐张塔进行作业，接地线挂设于跳线上。

2. 危险点预控措施

（1）危险点一：触电伤害。

预防措施：

1）加强作业过程的监护。

2）验电和挂设接地线时，应正确选择站位，既便于工作，又要保证人体与导线的净空距离不小于1.5m。

3）挂设接地线过程中，作业人员应手持绝缘操作杆，人体不得碰触接地线。

4）伸缩式验电器应将其绝缘长度全部伸出，以保证绝缘杆的有效绝缘长度。

5）挂设接地线时，应先装接地端，后装导线端，接地线接触良好、连接可靠。

6）验电应使用相应电压等级、合格的接触式验电器。验电器在使用前应在有电设备或高压发生器上进行试验，确认验电器良好。

（2）危险点二：高处坠物伤人。

预防措施：

1）作业前，应设立安全围栏及警示牌，防止无关人员进入。塔上作业人员的工具应装入工具袋，防止坠物。

2）地面工作人员应正确戴好安全帽，正确使用绳结，拴牢接地线和验电器；应及时离开作业点垂直下方2m范围。

3）塔上作业人员待地面人员离开危险区域后，方可起吊材料。

4）塔上作业人员应使用绳索传递验电器及接地线，严禁抛掷。

5）作业过程中，塔上作业人员不应失去监护。

（3）危险点三：高处坠落。

预防措施：

1）高处作业人员登塔前必须具备符合本项作业要求的身体状况、精神状态和技能素质。

2）高处作业人员应先检查脚钉是否牢固、鞋底是否清洁，加挂防坠器，手抓主材、脚踩脚钉、匀步登（下）塔。

3）监护人员应随时纠正作业人员的不规范或违章动作，重点注意在转位的过程中不得失去保护绳的保护，严禁低挂高用。

三、作业前准备

1. 工器具及材料选择

本工作任务所需的工器具及材料见表4-8，如图4-9和图4-10所示。

表4-8 110kV线路耐张塔验电及挂接地线工器具及材料

工具类型	工具名称	工具型号	数量	备注
专用工具	验电器		1支	与所检修线路电压等级一致
	接地线	截面积不小于25mm²	2组	与所检修线路电压等级一致
	绝缘手套		1双	

工具类型	工具名称	工具型号	数量	备　　注
专用工具	安全帽		3 顶	
	吊绳	$\phi14$ 白棕绳，0.5t 滑车，$\phi14\times50cm$ 白棕绳	1 套	白棕绳长度根据塔高确定
	双保险安全带		1 根	
个人工具	活络扳手	300mm	1 把	
	平口钳	175mm	1 把	
	细砂纸		1 张	
	榔头		1 个	
	工具包		1 个	

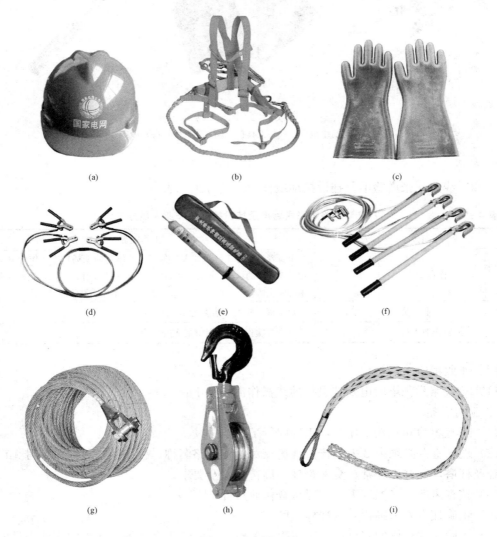

图 4-9　专用工具

（a）安全帽；（b）安全带；（c）绝缘手套；（d）个人保安线；（e）验电器；

（f）接地线；（g）传递绳；（h）单轮滑车；（i）绳套

图 4-10　个人工具

(a) 钢卷尺；(b) 活络扳手；(c) 工具包；(d) 平口钳；(e) 砂纸；(f) 榔头

2. 作业人员分工

110kV 线路耐张塔验电及挂设接地线作业人员分工见表 4-9。

表 4-9　　　　　　　110kV 线路耐张塔验电及挂设接地线作业人员分工

序号	工作岗位	人数（人）	工作职责
1	工作负责人	1	负责现场指挥工作，如人员分工、工作前的现场勘察，作业方案的制定、工作票的填写，办理工作许可手续、召开工作班前会，负责作业过程中的安全监督、工作中突发情况的处理、工作质量监督、工作后的总结
2	高处作业人员	1	负责塔上验电、挂接地线、拆接地线
3	地面作业人员	1	负责本次作业过程中地面辅助工作

四、作业程序

110kV 线路耐张塔验电及挂设接地线操作流程如下：

1. 前期准备工作

(1) 规范填写和签发工作票，正确履行工作票手续。

(2) 现场查勘必须由 2 人进行。现场核对停电线路名称、杆塔编号，双重编号无误；检查基础及杆塔，完好无异常；交叉跨越距离符合安全要求。

(3) 核查风速、气温等天气情况符合作业条件。

(4) 正确挂设安全围栏，悬挂标示牌。

(5) 正确穿戴合格的安全帽、工作服、工作鞋、绝缘手套，不得在威胁作业人员安全的天气情况下作业。

(6) 严禁无关人员、车辆进入作业现场。

2. 检查工器具

（1）检查工器具外观和试验合格证，无遗漏，工器具外观检查合格，无损伤、变形、失灵现象，合格证在有效期内。

（2）安全带、防坠器、绝缘手套、验电器试验合格；对安全带、防坠器进行冲击试验，方法正确。

（3）对绝缘手套做充气试验，对验电器做验电试验，方法正确。

3. 停电

调度通知工作负责人确认被检修线路已停电，安全措施已完备，许可开始工作。

4. 登塔

（1）携带吊绳，方法正确。

（2）安全带腰绳和后备保护绳斜挎在肩上。

（3）脚踩脚钉、手抓主材、匀步登塔至作业点。

5. 验电准备

（1）上塔后一次进入工作点，位置正确，既方便工作，又要保证安全距离不小于 1.5m。

（2）在塔身适当位置系好安全带，检查扣环是否扣牢；脱离防坠器。

（3）在塔上适当位置安装吊绳。

6. 验电

（1）地面作业人员正确使用绳结将验电器绑牢，并将验电器吊至塔上。

（2）高处作业人员正确戴绝缘手套。

（3）使用验电器前，再次检查其声光信号正常。使用伸缩式验电器时，应将其各段绝缘杆全部拉出到位，以保证绝缘杆的有效绝缘长度；验电时，作业人员应手持验电器的绝缘手柄，保证人体与导线间的安全距离不小于 1.5m。

（4）将验电器缓慢接近导线，以其声响和灯光来判断线路是否带电。线路带电时，验电器声响及灯光应同时发出；如验电器发出声响或灯光，均应视线路带电。

（5）验电顺序是：先验低压后验高压，先验下层后验上层，先验近侧后验远侧。线路验电应逐相进行。

7. 挂设接地线

（1）验明确无电压后立即挂设接地线。

（2）用砂纸打磨接地线夹及安装接地线夹的塔材位置后，牢固安装接地线夹。

（3）手持接地线手柄将接地线挂在导线上，有效绝缘长度不得小于 1.3m。

（4）挂设其他两相导线接地线；先近后远，先低后高。

8. 汇报

作业结束后，工作负责人收到作业人员汇报后，对施工质量、工艺标准自检验收。

9. 拆接地线

（1）手持接地线手柄将接地线撤离导线，有效绝缘长度不得小于 1.3m。

（2）将接地线夹撤离塔材，整理接地线，用吊绳传递至塔下。

（3）拆除其他两相接地线，整理后并传递至塔下。先远后近，先高后低；先取导线端，后取接地端。

10. 塔上检查

对杆塔各部件进行检查，确定无遗漏或缺陷。

11. 下塔

（1）挂好防坠器。

（2）从塔材上取下并整理好安全带，正确携带吊绳，脚踩脚钉、手抓主材、匀步下塔至地面。

12. 清理现场

（1）将工具、接地线、验电器、高压发生器等按要求运至指定地点。

（2）拆除安全措施，工作负责人向许可人汇报。

13. 恢复送电

（1）停送电联系人与调度进行联系。

（2）恢复送电前应确认布置的接地线、围栏、警示标志等所有安全措施已拆除。

（3）依据调度命令进行设备倒闸操作。恢复送电后检查设备运行是否正常。

14. 工作终结

（1）全面清理作业现场，清点工器具并归类装好，不得有遗留物。

（2）准备终结工作票。

实训4　停电更换 110kV 线路直线塔单串单片绝缘子

一、实训任务

完成使用双钩紧线器停电更换 110kV 线路直线塔单串横担侧第二片悬式绝缘子。

二、作业要求及危险点预防措施

1. 作业要求

（1）杆塔上作业应在良好的天气下进行，在工作中遇有 6 级以上大风以及雷暴雨、冰雹、大雾、沙尘暴等恶劣天气时，应停止工作。在工作中遇雷、雨、大风或其他任何情况威胁工作人员的安全时，工作负责人或专职监护人可根据情况，临时停止工作。

（2）在带电杆塔上（同杆塔架设的多回线路中，部分线路停电检修）工作，作业人员活动范围及其所携带的工具、材料等，对带电导线的最小安全距离不准小于表 4-1 的规定。停电检修的线路如与另一回带电线路相交叉或接近，作业人员和工器具对带电导线的最小安全距离不应小于表 4-2 的规定，否则，另一回线路也应停电并予以接地。

（3）作业人员精神状态良好，熟悉工作中保证安全的组织措施和技术措施；应持有在有效期内的高处作业和高压电工等特种工作业证。

（4）在 110kV 线路直线塔上作业。

2. 危险点预防措施

（1）危险点一：触电伤害。

预防措施：

1）工作前，对作业线路停电，在作业地段两端验电，并挂设合格接地线。

2）工作时，高处作业人员应装设个人保安线。

3）设监护 1 人，加强监护，随时纠正作业人员的不规范或违章动作，重点注意不得误登带电线路杆塔；验电时监护作业人员保持足够的安全距离，正确戴绝缘手套，挂设接地线的顺序正确且牢固。

（2）危险点二：高处坠落。

预防措施：

1）高处作业人员登塔前必须具备符合本项作业要求的身体状况、精神状态和技能素质。

2）高处作业人员应先检查脚钉是否牢固、鞋底是否清洁，加挂防坠器，手抓主材、脚踩脚钉、匀步登（下）塔。

3）监护人员应随时纠正作业人员的不规范或违章动作，重点注意在转位的过程中不得失去保护绳的保护。

（3）危险点三：高处坠物伤人。

预防措施：

1）塔上作业人员的工具及零星材料应装入工具包，防止坠物。

2）塔下作业人员必须戴安全帽，正确使用绳结，拴好塔上所需物件后，应距离作业点垂直下方3m以外进行工器具及材料的上下传递。

3）监护人员应随时注意，禁止无关人员在工作现场内逗留。

（4）危险点四：导线脱落。

预防措施：

1）更换绝缘子过程中必须采取防止导线脱落的后备保护措施。

2）承力工器具严禁以小代大。

三、作业前准备

1. 工器具及材料选择

本模块所需要的工器具及材料见表4-10，如图4-11～图4-13所示。

表4-10 使用双钩紧线器停电更换110kV线路直线塔单串横担侧第二片悬式绝缘子工器具及材料表

工具类型	工具名称	工具型号	数量	备注
专用工具	验电器		1支	与所检修线路电压等级一致
	接地线	截面积不小于25mm²	2组	与所检修线路电压等级一致
	绝缘手套		1双	
	安全帽		3顶	
	吊绳	φ14白棕绳，0.5t滑车，φ14×50cm白棕绳	1套	白棕绳长度根据塔高确定
	个人保安线	截面积不小于16mm²	1套	
	钢丝绳套	φ9×2m	1根	
	卸扣	3t	1副	
	双钩紧线器	3t	1副	
	拔销钳		1把	
	防绝缘子串脱空坠落绳	尼龙绳φ12×2m	1根	
	防坠器		1副	
	绝缘电阻表	5000V	1只	

续表

工具类型	工具名称	工具型号	数量	备　注
专用工具	防潮垫布		1张	
	风速、温度测试仪		1套	
	安全围栏		若干	
	双保险安全带		1根	
个人工具	活络扳手	300mm	1把	
	毛巾		1个	用于擦拭绝缘子
	工具包		1个	
材料	悬式绝缘子	XP‐70	2片	备用1片
	铝包带	—4	若干	

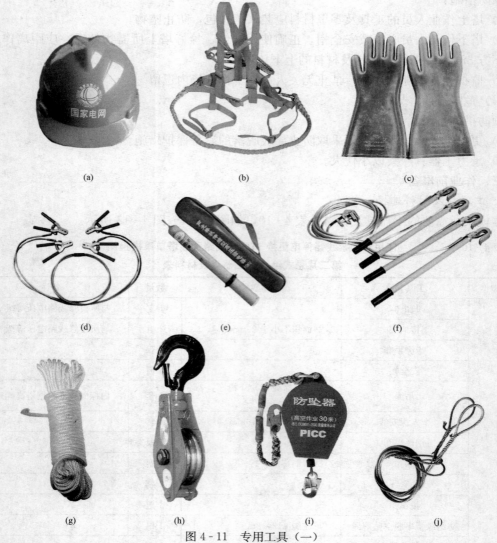

(a)　　　　　　　　　(b)　　　　　　　　　(c)

(d)　　　　　　　　　(e)　　　　　　　　　(f)

(g)　　　　　　(h)　　　　　　(i)　　　　　　(j)

图 4‐11　专用工具（一）

（a）安全帽；（b）安全带；（c）绝缘手套；（d）个人保安线；（e）验电器；（f）接地线；
（g）传递绳；（h）单轮滑车；（i）防坠器；（j）钢丝绳套

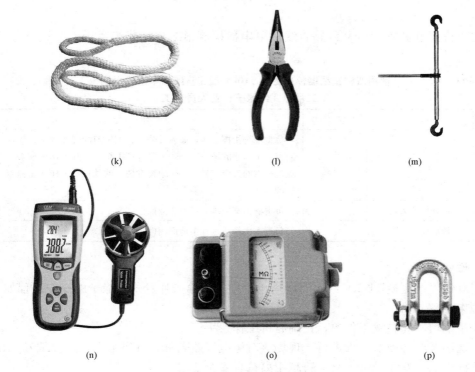

图 4-11 专用工具（二）

（k）尼龙绳套；（l）尖嘴钳；（m）双钩紧线器；

（n）风速、温度检测仪；（o）绝缘电阻测试仪；（p）U 形环

图 4-12 个人工具

（a）钢卷尺；（b）活络扳手；（c）工具包；（d）毛巾

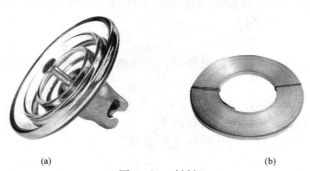

图 4-13 材料

（a）绝缘子；（b）铝包带

2. 作业人员分工

使用双钩停电更换 110kV 线路直线塔单串横担侧第二片悬式绝缘子作业人员分工见表 4 - 11。

表 4 - 11　　使用双钩紧线器停电更换 110kV 线路直线塔单串横担侧
第二片悬式绝缘子作业人员分工

序号	工作岗位	人数（人）	工 作 职 责
1	工作负责人	1	负责现场指挥工作，如人员分工、工作前的现场勘察、作业方案的制定、工作票的填写，办理工作许可手续，召开工作班前会，负责作业过程中的安全监督、工作中突发情况的处理、工作质量监督、工作后的总结
2	高处作业人员	1	负责横担侧绝缘子更换作业操作
3	地面作业人员	2	负责本次作业过程中地面辅助工作

四、作业程序

使用双钩停电更换 110kV 线路直线塔单串横担侧第二片悬式绝缘子的操作流程如下：

1. 前期准备工作

（1）规范填写和签发工作票，正确履行工作票手续。

（2）现场查勘必须由 2 人进行。现场核对停电线路名称、杆塔编号，双重编号无误；检查基础及杆塔，完好无异常；交叉跨越距离符合安全要求。

（3）核查风速、气温等天气情况符合作业条件。

（4）正确挂设安全围栏，悬挂标示牌。

（5）正确穿戴合格的安全帽、工作服、工作鞋、绝缘手套。

（6）不得在威胁作业人员安全的天气情况下作业。

（7）严禁无关人员、车辆进入作业现场。

2. 检查工器具及材料

（1）检查工器具外观和试验合格证，无遗漏，工器具外观检查合格，无损伤、变形、失灵现象，合格证在有效期内。

（2）安全带、防坠器、绝缘手套、验电器试验合格；对安全带、防坠器进行冲击试验，方法正确。

（3）对绝缘手套做充气试验对验电器做验电试验，方法正确。

（4）用干燥、清洁的毛巾对新绝缘子进行表面清洁，并用绝缘电阻表进行绝缘电阻检测，确定绝缘电阻不小于 700MΩ。

3. 停电

调度通知负责人确认被检修线路已停电，安全措施已完备，许可开始工作。

4. 登塔

（1）携带吊绳，方法正确。

（2）安全带腰绳和后备保护绳斜挎在肩上。

（3）脚踩脚钉、手抓主材、匀步登塔至作业点。

5. 验电

作业人员手持验电器尾部，使验电部分逐渐靠近导线，根据有无火花和放电声音来判断导线有无电压；按由近及远、由低到高的顺序逐相验电。不得失去安全带保护，验电器应完好；验电时必须戴绝缘手套；应设专人监护。下雨、打雷时不得进行验电。

6. 挂设接地线

（1）验明导线无电压后，正确安装接地线，先安装接地端，后安装导线端。

（2）接地线连接可靠，不得缠绕。

（3）接地线与导线及塔材接触良好，无缠绕。

（4）人体不能触碰接地线，工作地段两端应可靠接地。

7. 系好安全带

在合适的位置系好安全带的腰绳和后备保护绳，脱离防坠器。安全带系在牢固的构件上，扣环应牢固。

8. 安装双钩紧线器

（1）在合适位置布置吊绳，方法正确。

（2）检查绝缘子串连接无异常，确认横担侧第二片悬式绝缘子劣化需更换。

（3）解开安全带腰绳并斜挎在肩上，沿绝缘子串下至导线，将安全带腰绳系在绝缘子串上。

（4）吊上个人保安线、双钩紧线器、钢丝套、防导线脱落保护绳，不与塔身碰撞，吊绳不得缠绕，正确使用绳结。

（5）在合适位置挂好个人保安线，先装接地端，后装导线端。

（6）在安装个人保安线同侧导线与横担间合适位置安装防导线脱落保护绳，连接可靠，松紧适度。

（7）在绝缘子串一侧导线与横担间合适位置安装双钩紧线器，连接可靠。导线侧双钩紧线器钩口应缠绕铝包带。

9. 更换绝缘子

（1）收紧双钩紧线器并使之略微受力，对其做冲击试验，确认双钩紧线器无异常；将安全带腰绳转移至双钩紧线器。

（2）继续收紧双钩紧线器，至绝缘子串松弛。

（3）在横担侧第四片绝缘子上安装防绝缘子串脱空坠落保护绳并收紧。

（4）取下劣化绝缘子，传递至地面，同时将新绝缘子吊上并安装。操作熟练，连接可靠，M销安装到位。

（5）摇动双钩紧线器手柄，让绝缘子串逐渐受力，对绝缘子串做冲击试验，确认连接可靠，检查钢帽大口方向一致；转移安全带腰绳并系在绝缘子串上。

（6）拆除防绝缘子串脱空坠落保护绳，整理后放入工具包。

10. 拆除双钩紧线器

（1）拆除双钩紧线器，挂在吊绳活扣上。

（2）拆除防导线脱落保护绳，与双钩紧线器一同传递至地面。

（3）拆除个人保安线，先取导线端、后取接地端；整理好个人保安线，吊下至地面，方法正确。

（4）用毛巾清洁绝缘子串。

（5）解开安全带腰绳并斜挎在肩上，沿绝缘子串上至横担，将安全带腰绳系在合适位置。

11. 下塔

（1）对杆塔各部件进行检查，确认无遗漏或缺陷，经工作负责人许可后下塔。

（2）挂好防坠器。

（3）从塔材上取下并整理好安全带，正确携带吊绳，脚踩脚钉、手抓主材、匀步下塔至地面。

12. 拆除接地线

（1）拆除接地线，先取导线端，后取接地端。

（2）整理好接地线，吊下至地面，方法正确。

13. 清理现场

（1）将工具、接地线、验电器、高压发生器等按要求运至指定地点。

（2）拆除安全措施，工作负责人向许可人汇报。

14. 工作终结

（1）全面清理作业现场，清点工器具并归类装好，不得有遗留物。

（2）准备终结工作票。

实训 5　使用手扳葫芦更换线路耐张塔单串单片绝缘子

一、工作任务

完成使用手扳葫芦更换 110kV 线路耐张塔单串横担侧第三片悬式绝缘子。

二、作业要求及危险点预防措施

1. 作业要求

（1）杆塔上作业应在良好的天气下进行，在工作中遇有 6 级以上大风以及雷暴雨、冰雹、大雾、沙尘暴等恶劣天气时，应停止工作。在工作中遇雷、雨、大风或其他任何情况威胁工作人员的安全时，工作负责人或专职监护人可根据情况，临时停止工作。

（2）在带电杆塔上（同杆塔架设的多回线路中，部分线路停电检修）工作，作业人员活动范围及其所携带的工具、材料等，对带电导线的最小安全距离不得小于表 4-1 的规定。停电检修的线路如与另一回带电线路相交叉或接近，作业人员和工器具对带电导线的最小安全距离不小于表 4-2 的规定，否则，另一回线路也应停电并予以接地。

（3）作业人员精神状态良好，熟悉工作中保证安全的组织措施和技术措施；应持有在有效期内的高处作业和高压电工等特种工作业证。

（4）在 110kV 线路耐线塔上作业。

2. 危险点预防措施

（1）危险点一：触电伤害。

预防措施：

1）工作前，对作业线路停电，在作业地段两端验电，并挂设合格接地线。

2）工作时，高处作业人员应装设个人保安线。

3）设监护 1 人，加强监护，随时纠正其不规范或违章动作，重点注意不得误登带电线路杆塔，验电时作业人员保持足够的安全距离，正确戴绝缘手套，挂设接地线的顺序正确且牢固。

（2）危险点二：高处坠落。

预防措施：

1）高处作业人员登塔前必须具备符合本项作业要求的身体状况、精神状态和技能素质。

2）高处作业人员应先检查脚钉是否牢固、鞋底是否清洁，加挂防坠器，手抓主材、脚踩脚钉、匀步上（下）塔。

3）监护人员应随时纠正其不规范或违章动作，重点注意在转位的过程中不得失去保护绳的保护。

（3）危险点三：高处坠物伤人。

预防措施：

1）塔上作业人员的工具及零星材料应装入工具包，防止坠物。

2）塔下作业人员必须戴安全帽，正确使用绳结，拴好塔上所需物件后，应距离作业点垂直下方 3m 以外进行工器具及材料的上下传递。

3）监护人员应随时注意，禁止无关人员在工作现场内逗留。

（4）危险点四：导线脱落。

预防措施：

1）更换绝缘子过程中必须采取防止导线脱落的后备保护措施。

2）承力工器具严禁以小代大。

三、作业前准备

1. 工器具及材料选择

本模块所需要的工器具及材料见表 4-12，如图 4-14 和图 4-15 所示。

表 4-12　　　停电更换 110kV 线路耐张塔单串横担侧第三片悬式绝缘子工器具及材料表

工具类型	工具名称	工具型号	数量	备注
专用工具	验电器		1 支	与所检修线路电压等级一致
	接地线	截面积不小于 25mm²	2 组	与所检修线路电压等级一致
	绝缘手套		1 双	
	安全帽		3 顶	
	吊绳	φ14 白棕绳，0.5t 滑车，φ14×50cm 白棕绳	1 套	白棕绳长度根据塔高确定
	个人保安线	截面积不小于 16mm²	1 套	
	硬梯	钢管硬梯，φ14 白棕绳	1 副	或铝合金管硬梯，白棕绳长度适中
	手扳葫芦	3t	1 副	
	托瓶架		1 副	
	卡线器		2 副	与所检修线路导线型号相匹配
	钢丝绳套	φ9×2m	1 根	
	钢丝绳套	φ9×1m	1 根	
	U 形环	U-7	2 个	
	双钩紧线器	3t	1 副	
	拔销钳		1 把	
	防绝缘子串脱空坠落绳	尼龙绳 φ12×2m	1 根	

续表

工具类型	工具名称	工具型号	数量	备注
专用工具	防坠器		1副	
	绝缘电阻表	5000V	1只	
	防潮垫布		1张	
	风速、温度测试仪		1套	
	安全围栏		若干	
	双保险安全带		1根	
个人工具	活络扳手	300mm	1把	
	毛巾		1个	用于擦拭绝缘子
	工具包		1个	
材料	悬式绝缘子	XP-70	2片	备用1片

(a)　　　　　　(b)　　　　　　(c)

(d)　　　　　　(e)　　　　　　(f)

(g)　　　(h)　　　(i)　　　(j)

图4-14　专用工具（一）

（a）安全帽；（b）安全带；（c）绝缘手套；（d）个人保安线；（e）验电器；（f）接地线；（g）传递绳；
（h）单轮滑车；（i）防坠器；（j）钢丝绳套

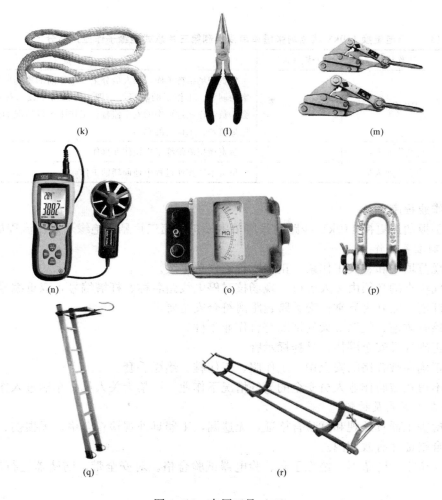

图 4 - 14　专用工具（二）

（k）尼龙绳套；（l）拔销钳；（m）卡线器；（n）风速、温度检测仪；

（o）绝缘电阻测试仪；（p）U 形环；（q）硬梯；（r）托瓶架

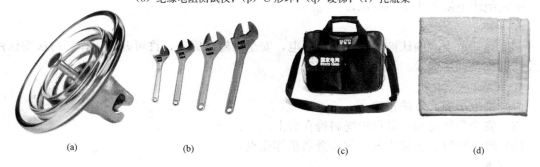

图 4 - 15　个人工具及材料

（a）绝缘子；（b）活络扳手；（c）工具包；（d）毛巾

2. 作业人员分工

使用手扳葫芦更换 110kV 线路耐张塔单串横担侧第三片悬式绝缘子作业人员分工见表

4 - 13。

表 4 - 13   停电更换 110kV 线路耐张塔单串横担侧第三片悬式绝缘子作业人员分工

序号	工作岗位	人数（人）	工 作 职 责
1	工作负责人	1	负责现场指挥工作，如人员分工、工作前的现场勘察、作业方案的制定、工作票的填写，办理工作许可手续，召开工作班前会，负责作业过程中的安全监督、工作中突发情况的处理、工作质量监督、工作后的总结
2	高处作业人员	1	负责横担侧绝缘子更换作业操作
3	地面作业人员	2	负责本次作业过程中地面辅助工作

四、作业程序

使用手扳葫芦更换 110kV 线路耐张塔单串横担侧第三片悬式绝缘子操作流程如下：

1. 前期准备工作

（1）规范填写和签发工作票，正确履行工作票手续。

（2）现场查勘必须由 2 人进行。现场核对停电线路名称、杆塔编号，双重编号无误；检查基础及杆塔，完好无异常；交叉跨越距离符合安全要求。

（3）核查风速、气温等天气情况符合作业条件。

（4）正确挂设安全围栏，悬挂标示牌。

（5）正确穿戴合格的安全帽、工作服、工作鞋、绝缘手套。

（6）不得在威胁作业人员安全的天气情况下作业，严禁无关人员、车辆进入作业现场。

2. 检查工器具及材料

（1）检查工器具外观和试验合格证，无遗漏，工器具外观检查合格，无损伤、变形、失灵现象，合格证在有效期内。

（2）安全带、防坠器、绝缘手套、验电器试验合格。对安全带、防坠器进行冲击试验，方法正确。

（3）对绝缘手套做充气试验，对验电器做验电试验，方法正确。

（4）用干燥、清洁的毛巾对新绝缘子进行表面清洁，并用绝缘电阻表进行绝缘电阻检测，确定绝缘电阻不小于 $700M\Omega$。

3. 停电

调度通知负责人确认被检修线路已停电，安全措施已完备，许可开始工作。再次确认停电线路名称及杆塔编号。

4. 登塔

（1）携带吊绳，方法正确。

（2）安全带腰绳和后备保护绳斜挎在肩上。

（3）脚踩脚钉、手抓主材、匀步登塔至作业点。

5. 验电

作业人员手持验电器尾部，使验电部分逐渐靠近导线，根据有无火花和放电声音来判断导线有无电压；按由近及远、由低到高的顺序逐相验电。

6. 挂设接地线

（1）验明导线无电压后，正确安装接地线，先安装接地端，后安装导线端。

（2）接地线连接可靠，不得缠绕。

7. 系好安全带

在合适的位置系好安全带的腰绳和后备保护绳，脱离防坠器。安全带系在牢固的构件上，扣环应牢固。

8. 安装个人保安线

在合适位置挂好个人保安线，先装接地端，脱离防坠器。

9. 安装硬梯

（1）在合适位置布置吊绳，方法正确；检查绝缘子串连接无异常，确认横担侧第三片悬式绝缘子劣化需更换。

（2）放下吊绳，吊上硬梯。硬梯不与塔身碰撞，吊绳不得缠绕，正确使用绳结。

（3）将硬梯挂钩挂在导线上，另一端用白棕绳在横担上缠牢。

（4）在合适位置挂好个人保安线，先装接地端，后装导线端。

10. 更换绝缘子

（1）地面作业人员将钢丝绳套套入。

（2）通过 U 形环与卡线器连接好后，传递至塔上，并安装于合适位置，做好防止导线滑脱的后备保护措施。

（3）地面作业人员将卡线器与手扳葫芦的吊钩连接，连同钢丝绳套（1m）传递至塔上。先将手扳葫芦通过钢丝绳套与横担连接好后，再安装卡线器。

（4）摇动手扳葫芦使其略微受力。吊上托瓶架，并将托瓶架的一端挂于手扳葫芦吊钩侧链条上，另一端固定于横担侧金具上。托瓶架应紧贴绝缘子串。

（5）在得到工作负责人同意后，继续摇动手扳葫芦使绝缘子串逐渐松弛；对其做冲击试验，检查卡线器及手扳葫芦无异常。

（6）用拔销钳取出需更换的绝缘子弹簧销，取下劣化绝缘子，与地面作业人员配合放下至地面，同时将新绝缘子吊上并安装。绝缘子不得碰撞，新绝缘子连接可靠，弹簧销安装后要检查，确认到位。

（7）操作手扳葫芦使绝缘子串逐渐受力，检查并调整钢帽大口方向，一致向上；将手扳葫芦承受的张力全部转移到绝缘子串后，对其做冲击试验，检查绝缘子中连接无异常。

（8）拆除手扳葫芦、卡线器、托瓶架、防导线滑脱后备保护绳，用吊绳传递至地面；用毛巾清洁绝缘子串。

11. 拆除个人保安线

（1）拆除个人保安线，先取导线端，后取接地端。

（2）整理好个人保安线，吊下至地面。

12. 拆除硬梯

（1）作业人员沿硬梯回到横担上，无危险动作。

（2）将吊绳一端系在硬梯上，使硬梯挂钩脱离导线，用吊绳将硬梯放至地面，方法正确。

13. 清点个人工具

检查工具包内个人工器具无遗漏。

14. 塔上检查

对杆塔各部件进行检查，确认无遗漏或缺陷，经工作负责人许可后下塔。

15. 下塔

（1）挂好防坠器。

（2）从塔材上取下并整理好安全带，正确携带吊绳，脚踩脚钉、手抓主材、匀步下塔至地面。

16. 拆除接地线

（1）拆除接地线，先取导线端，后取接地端。

（2）整理好接地线，吊下至地面，方法正确。

17. 清理现场

（1）将工具、接地线、验电器、高压发生器等按要求运至指定地点。

（2）拆除安全措施，工作负责人向许可人汇报。

18. 工作终结

（1）全面清理作业现场，清点工器具并归类装好，不得有遗留物。

（2）准备终结工作票。

实训 6　使用硬梯安装并拆除线路耐张塔上导线防振锤

一、工作任务

完成使用硬梯安装并拆除 110kV 线路耐张塔上导线防振锤。

二、作业要求及危险点预防措施

1. 作业要求

（1）杆塔上作业应在良好的天气下进行，在工作中遇有 6 级以上大风以及雷暴雨、冰雹、大雾、沙尘暴等恶劣天气时，应停止工作。在工作中遇雷、雨、大风或其他任何情况威胁作业人员的安全时，工作负责人或专职监护人可根据情况，临时停止工作。

（2）在带电杆塔上（同杆塔架设的多回线路中，部分线路停电检修）工作，作业人员活动范围及其所携带的工具、材料等，对带电导线的最小安全距离不准小于表 4-1 的规定。停电检修的线路如与另一回带电线路相交叉或接近，作业人员和工器具对带电导线的最小安全距离不应小于表 4-2 的规定，否则，另一回线路也应停电并予以接地。

（3）在联结档距的导、地线上挂梯（或飞车）时，其钢芯铝绞线截面积不得小于 120mm²，架空地线截面积不得小于 50mm²。

（4）作业人员精神状态良好，熟悉工作中保证安全的组织措施和技术措施；应持有在有效期内的高处作业和高压电工等特种工作业证。

（5）在 110kV 线路耐张塔上作业。

2. 危险点预防措施

（1）危险点一：触电伤害。

预防措施：

1）工作前，对作业线路停电，在作业地段两端验电，并挂设合格接地线。

2）工作时，高处作业人员应装设个人保安线。

3）设监护 1 人，加强监护，随时纠正作业人员的不规范或违章动作，重点注意不得误登带电线路杆塔，验电时作业人员保持足够的安全距离，正确戴绝缘手套，挂设接地线的顺序正确且牢固。

（2）危险点二：高处坠落。

预防措施：

1）高处作业人员登塔前必须具备符合本项作业要求的身体状况、精神状态和技能素质。

2）高处作业人员应先检查脚钉是否牢固、鞋底是否清洁，加挂防坠器，手抓主材，踩脚钉、匀步登（下）塔。

3）监护人员应随时纠正作业人员的不规范或违章动作，重点注意在转位的过程中不善失去保护绳的保护，严禁低挂高用。

（3）危险点三：高处坠物伤人。

预防措施：

1）塔上作业人员的工具及零星材料应装入工具袋，防止坠物。

2）塔下作业人员必须戴安全帽，正确使用绳结，拴好塔上所需物件后，应距离作业点垂直下方 3m 以外。

3）监护人员应随时注意，禁止无关人员在工作现场内逗留。

三、作业前准备

1. 工器具及材料选择

本工作任务所需要的工器具及材料见表 4 - 14，如图 4 - 16～图 4 - 18 所示。

表 4 - 14　　使用硬梯安装并拆除 110kV 线路耐张塔上导线防振锤工器具及材料表

工具类型	工具名称	工具型号	数量	备　注
专用工具	验电器		1 支	与所检修线路电压等级一致
	接地线	截面积不小于 25mm²	2 组	与所检修线路电压等级一致
	绝缘手套		1 双	
	安全帽		3 顶	
	吊绳	φ14 白棕绳，0.5t 滑车，φ14×50cm 白棕绳	1 套	白棕绳长度根据塔高确定
	个人保安线	截面积不小于 16mm²	1 套	
	硬梯	钢管硬梯，φ14 白棕绳	1 副	或铝合金管硬梯，白棕绳长度适中
	防坠器		1 副	
	风速、温度测试仪		1 套	
	防潮垫布		1 张	
	安全围栏		若干	
	双保险安全带		1 根	
个人工具	活络扳手	300mm	1 把	
	棘轮扳手		1 把	
	平口钳	175mm	1 把	
	钢卷尺	3.5m	1 只	3m 及以上

续表

工具类型	工具名称	工具型号	数量	备注
个人工具	记号笔		1支	
	工具包		1个	
材料	防振锤	FR-3	1个	
	铝包带		若干	

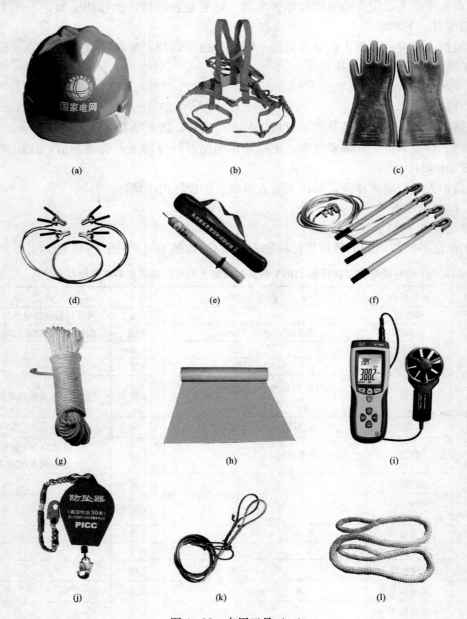

图 4-16　专用工具（一）

（a）安全帽；（b）安全带；（c）绝缘手套；（d）个人保安线；（e）验电器；（f）接地线；
（g）传递绳；（h）绝缘垫；（i）风速、温度测试仪；（j）防坠器；（k）钢丝绳套；（l）尼龙绳套

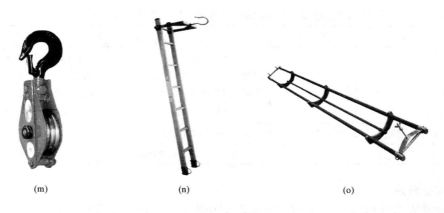

图 4-16　专用工具（二）

（m）单轮滑车；（n）硬梯；（o）托瓶架

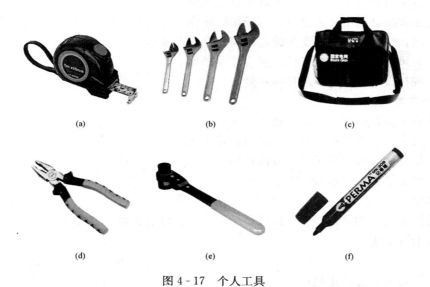

图 4-17　个人工具

（a）钢卷尺；（b）活络扳手；（c）工具包；（d）钢丝钳；（e）棘轮扳手；（f）记号笔

图 4-18　材料

（a）FR-3 防振锤；（b）铝包带

2. 作业人员分工

使用硬梯安装并拆除 110kV 线路耐张塔上导线防振锤作业人员分工见表 4-15。

表 4 - 15　　　　　　使用硬梯安装并拆除 10kV 线路耐张塔上导线防振锤作业人员分工

序号	工作岗位	人数（人）	工 作 职 责
1	工作负责人	1	负责现场指挥工作，如人员分工、工作前的现场勘察、作业方案的制定、工作票的填写，办理工作许可手续，召开工作班前会，负责作业过程中的安全监督、工作中突发情况的处理、工作质量监督、工作后的总结
2	高处作业人员	1	负责防振锤装、拆作业操作
3	地面作业人员	1	负责本次作业过程中地面辅助工作

四、作业程序

使用硬梯安装并拆除 110kV 线路耐张塔上导线防振锤的操作流程如下：

1. 前期准备工作

（1）规范填写和签发工作票，正确履行工作票手续。

（2）现场查勘必须由 2 人进行。现场核对停电线路名称、杆塔编号，双重编号无误；检查基础及杆塔，完好无异常；交叉跨越距离符合安全要求。

（3）核查风速、气温等天气情况符合作业条件。

（4）正确挂设安全围栏，悬挂标示牌。

2. 检查工器具及材料

（1）检查工器具外观和试验合格证，无遗漏。

（2）对安全带、防坠器进行冲击试验，方法正确。

（3）对绝缘手套做充气试验，方法正确。

（4）对验电器做验电试验，方法正确。

3. 停电

调度通知负责人确认被检修线路已停电，安全措施已完备，许可开始工作，再次确认停电线路名称及杆塔编号。

4. 登塔

（1）携带吊绳，方法正确。

（2）安全带腰绳和后备保护绳斜挎在肩上。

（3）脚踩脚钉、手抓主材、匀步登塔至作业点。

5. 验电

作业人员手持验电器尾部，使验电部分逐渐靠近导线，根据有无火花和放电声音来判断导线有无电压；按由近及远、由低到高的顺序逐相验电。

6. 挂设接地线

（1）验明导线无电压后，正确安装接地线，先安装接地端，后安装导线端。

（2）接地线连接可靠，不得缠绕。

7. 系好安全带

在合适的位置系好安全带的腰绳和后备保护绳，脱离防坠器。安全带系在牢固的构件上，扣环应牢固。

8. 安装个人保安线

在合适位置挂好个人保安线，先装接地端，脱离防坠器；个人保安线应装设牢固，防止脱落。

9. 安装硬梯

（1）在合适位置布置吊绳，方法正确；检查绝缘子串连接无异常，确认横担侧第三片悬式绝缘子劣化需更换。

（2）放下吊绳，吊上硬梯。硬梯不与塔身碰撞，吊绳不得缠绕，正确使用绳结。

（3）将硬梯挂钩挂在导线上，另一端用白棕绳在横担上缠牢。

（4）在合适位置挂好个人保安线，先装接地端，后装导线端。

10. 安装防振锤

（1）按设计的安装尺寸画印（以耐张线夹硬销中心为基准）。

（2）以画印点为基准缠绕铝包带。铝包带缠绕方向与导线外层铝股绞制方向一致，缠绕紧密，两端应露出防振锤夹板 10mm，再回缠，并将铝带头压在夹线板内。

（3）吊上防振锤，方法正确。

（4）正确安装防振锤。夹线板螺栓的穿向：边相，螺栓由内向外穿；中相，螺栓由左向右穿（作业人员面向受电侧）。螺栓紧固，夹线板与导线接触紧密。

（5）检查防振锤安装质量。安装距离偏差在±10mm 以内，平垫圈、弹簧垫圈齐全，弹簧垫圈应压平。防振锤应与导线平行，且垂直于地面。

11. 拆除防振锤

（1）拆除防振锤，并吊下至地面。

（2）拆除铝包带，装入工具包。

（3）取下滑车，将安全带腰绳系在硬梯上，作业人员携吊绳沿硬梯回到横担上，将安全带腰绳系在塔材上。

12. 拆除个人保安线

（1）拆除个人保安线，先取导线端，后取接地端。

（2）整理好个人保安线，吊下至地面。

13. 拆除硬梯

（1）作业人员沿硬梯回到横担上，无危险动作。

（2）将吊绳一端系在硬梯上，使硬梯挂钩脱离导线，用吊绳将硬梯放至地面，方法正确。

14. 清点个人工具

检查工具包内个人工器具无遗漏。

15. 塔上检查

对杆塔各部件进行检查，确认无遗漏或缺陷，经工作负责人许可后下塔。

16. 下塔

（1）挂好防坠器。

（2）从塔材上取下并整理好安全带，正确携带吊绳，脚踩脚钉、手抓主材、匀步下塔至地面。

17. 拆除接地线

（1）拆除接地线，先取导线端，后取接地端。

（2）整理好接地线，吊下至地面，方法正确。

18. 清理现场

（1）将工具、接地线、验电器、高压发生器等按要求运至指定地点。

（2）拆除安全措施，工作负责人向许可人汇报。

19. 工作终结

（1）全面清理作业现场，清点工器具并归类装好，不得有遗留物。

（2）准备终结工作票，不得约时送电。

五、相关知识

1. 导线防振锤的作用

架设在空中的导线和避雷线即架空线，当其受到风及其他气象因素的影响时，会发生振动，风是导致振动发生的主要因素。当架空线受到垂直于线路方向的风力作用时，在其垂直面上产生周期性振荡，形成架空线的振动。根据理论计算和运行经验，当风力作用在架空线上时，无论是任何波长和频率，其振动最严重处均在线夹出口处，因该点始终是一个波节点，而线夹处又是一个"死点"，振动波不能通过线夹传导至相邻线档内，故造成振动的绝大多数能量均集中在线夹出口处被吸收和消耗。在长期振动的作用下，会使线材产生附加的机械应力，造成架空线疲劳破坏，引起架空线断股、断线事故。强烈的振动还容易引起杆塔及金具螺栓松动、线路部件损坏。为尽可能减少振动造成的危害，目前国内外所采取的振动保护措施主要有两种：一是提高导线抗振能力，如在线夹处导线外缠绕预绞丝护线条，以增加导线刚度；二是吸收架空线振动能量，如安装防振锤、防振环、防振线夹、阻尼线等，从而达到减轻振动危害的目的。

2. 防振锤的分类

根据防振锤的结构、质量和几何尺寸的不同（其固有频率也不同），分为司脱客防振锤和多频防振锤。

（1）司脱客防振锤。在一根高强度的钢绞线两端分别固定一个由生铁铸成的圆柱形重锤，在钢绞线中部铆固着一副夹板，以便将防振锤安装在架空线上。按其夹板形式的不同，又分为绞扣式单螺栓固定型线夹和双螺栓固定型线夹，如图 4 - 19 所示，常见的有 FD、FG、FF 型防振锤。司脱客防振锤有两个固有频率。

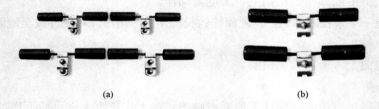

(a)　　　　　　　　　　　　　　　(b)

图 4 - 19　司脱客防振锤

(a) 双螺栓固定型线夹；(b) 绞扣式单螺栓固定型线夹

（2）多频防振锤。结构与司脱客防振锤类似，钢绞线两端固定着质量不同的重锤，用生铁铸成 U 形，夹板位置不在钢绞线中部，采用钢材或铝合金制造，如图 4 - 20 所示。常见的有 FR 型防振锤，有 4 个固有频率，适用的频率较宽。

图 4 - 20　多频防振锤

3. 防振锤的安装个数和距离

按线路工程施工设计图纸上的数据进行安装。

4. 防振锤的安装要求

在安装位置缠绕铝包带，要求其缠绕方向必须与导线外层铝股绞制方向一致，且必须缠绕紧密，缠绕长度两端应露出夹板 10mm，再回缠，将铝带头压在夹板内。安装完毕的防振锤应与导线平行，且与地面垂直。

实训 7　处理导线损伤

一、工作任务

完成使用飞车、补修预绞丝处理 LGJ-185/25 导线损伤。

二、作业要求及危险点预防措施

1. 作业要求

（1）杆塔上作业应在良好的天气下进行，在工作中遇有 6 级以上大风以及雷暴雨、冰雹、大雾、沙尘暴等恶劣天气时，应停止工作。在工作中遇雷、雨、大风或其他任何情况威胁作业人员的安全时，工作负责人或专职监护人可根据情况，临时停止工作。

（2）在带电杆塔上（同杆塔架设的多回线路中，部分线路停电检修）工作，作业人员活动范围及其所携带的工具、材料等，对带电导线的最小安全距离不准小于表 4-1 的规定。停电检修的线路如与另一回带电线路相交叉或接近，作业人员和工器具对带电导线的最小安全距离不应小于表 4-2 的规定，否则，另一回线路也应停电并予以接地。

（3）在连接档距的导、地线上挂梯（或飞车）时，其钢芯铝绞线截面积不得小于 120mm²，架空地线截面积不得小于 50mm²。

（4）钢芯铝绞线截面积不小于 120mm²，断股损伤截面积不超过铝线总截面积的 7%。

（5）有下列情况之一者，应经验算合格，并经企业主管生产领导批准后才能进行：

1）在孤立档的导、地线上作业。

2）在有断股的导、地线和锈蚀的地线上作业。

3）在 1）条以外的其他型号的导线上作业。

4）两人以上在同档同一根导、地线上的作业。

（6）作业人员应持有高处作业和高压电工等特种工作业证。

（7）在 110kV 线路直线塔（单串瓷质绝缘子）导线上作业。

2. 危险点预防措施

（1）危险点一：触电伤害。

预防措施：

1）工作前，对作业线路停电，在作业地段两端验电，并挂设合格接地线。

2）工作时，高处作业人员应装设个人保安线。

3）设监护 1 人，加强监护，随时纠正作业人员的不规范或违章动作，重点注意不得误登带电线路杆塔，验电时作业人员保持足够的安全距离，正确戴绝缘手套，挂设接地线的顺序正确且牢固。

（2）危险点二：高处坠落。

预防措施：

1）高处作业人员登塔前必须具备符合本项作业要求的身体状况、精神状态和技能素质。

2）高处作业人员应先检查脚钉是否牢固、鞋底是否清洁，加挂防坠器，手抓主材、脚踩脚钉、匀步登（下）塔。

3）监护人员应随时纠正作业人员的不规范或违章动作，重点注意在转位的过程中不得失去安全带的保护，严禁低挂高用。

（3）危险点三：高处坠物伤人。

预控措施：

1）塔上作业人员的工具及零星材料应装入工具袋，防止坠物。

2）塔下作业人员必须戴安全帽，正确使用绳结，拴好塔上所需物件后，应距离作业点垂直下方 3m 以外。

3）监护人员应随时注意，禁止无关人员在工作现场内逗留。

三、修前准备

1. 工器具及材料选择

本工作任务所需要的工器具及材料见表 4 - 16，如图 4 - 21～图 4 - 23 所示。

表 4 - 16　　使用飞车、补修预绞丝处理 LGJ - 185/25 导线损伤工器具及材料表

类型	工具名称	工具型号	数量	备注
专用工具	验电器		1 支	与所检修线路电压等级一致
	接地线	截面积不小于 25mm²	2 组	与所检修线路电压等级一致
	绝缘手套		1 双	
	安全帽		3 顶	
	吊绳	φ14 白棕绳，1t 滑车，绳套 φ14 白棕绳，0.5t 滑车，绳套	1 套	白棕绳长度根据塔高确定
	个人保安线	截面积不小于 16mm²	1 套	
	双保险安全带		1 根	
	飞车	钢管硬梯，φ14 白棕绳	1 副	或铝合金管硬梯，白棕绳长度适中
	防坠器		1 副	
	风速、温度测试仪		1 套	
	防潮垫布		1 张	
	安全围栏		若干	
	木槌	8 磅	1 把	
个人工具	砂纸	0 号	若干	
	螺钉旋具		1 把	
	平口钳	175mm	1 把	
	钢卷尺	3.5m	1 只	3m 及以上
	记号笔		1 支	
	工具包		1 个	
材料	补修预绞丝	FR - 3	1 组	适用与 LGJ - 185/25 导线

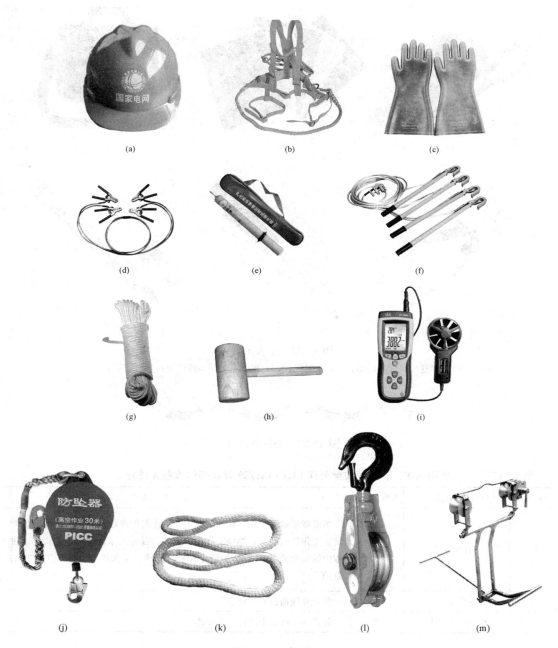

图 4 - 21　专用工具

（a）安全帽；（b）安全带；（c）绝缘手套；（d）个人保安线；（e）验电器；（f）接地线；

（g）传递绳；（h）木槌；（i）风速仪；（j）防坠器；（k）尼龙绳套；（l）单轮滑车；（m）飞车

2. 作业人员分工

使用飞车、补修预绞丝处理 LGJ - 185/25 导线损伤作业人员分工见表 4 - 17。

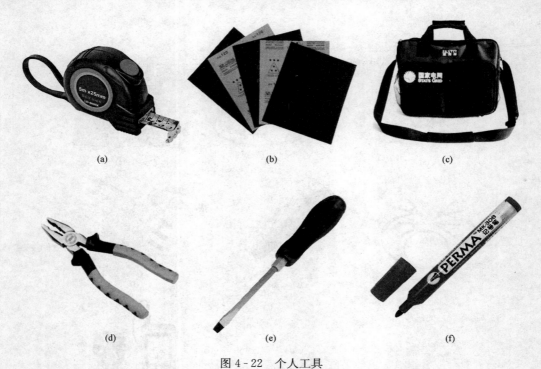

图 4 - 22　个人工具

（a）钢卷尺；（b）砂纸；（c）工具包；（d）钢丝钳；（e）螺丝刀；（f）记号笔

图 4 - 23　补修预绞丝

表 4 - 17　　　　使用飞车、补修预绞丝处理 LGJ - 185/25 导线损伤作业人员分工

序号	工作岗位	人数（人）	工　作　职　责
1	工作负责人	1	负责现场指挥工作，如人员分工、工作前的现场勘察、作业方案的制定、工作票的填写，办理工作许可手续，召开工作班前会，负责作业过程中的安全监督、工作中突发情况的处理、工作质量监督、工作后的总结
2	高处作业人员	1	负责导线损伤处理作业
3	地面作业人员	2	负责作业过程中地面辅助工作

四、作业程序

使用飞车、补修预绞丝处理 LGJ - 185/25 导线损伤作业操作流程如下：

1. 前期准备工作

（1）规范填写和签发工作票，正确履行工作票手续。

（2）现场查勘必须由 2 人进行。现场核对停电线路名称、杆塔编号，双重编号无误；检查基础及杆塔，完好无异常；交叉跨越距离符合安全要求。

（3）核查风速、气温等天气情况符合作业条件。

（4）正确挂设安全围栏，悬挂标示牌。

2. 检查工器具及材料

（1）检查工器具外观和试验合格证，无遗漏。

（2）对安全带、防坠器进行冲击试验，方法正确。

（3）对绝缘手套做充气试验，方法正确。

（4）对验电器做验电试验，方法正确。

3. 停电

调度通知负责人确认被检修线路已停电，安全措施已完备，许可开始工作。再次确认停电线路名称及杆塔编号。

4. 登塔

（1）携带吊绳，方法正确。

（2）安全带腰绳和后备保护绳斜挎在肩上。

（3）脚踩脚钉、手抓主材、匀步登塔至作业点。

5. 验电

作业人员手持验电器尾部，使验电部分逐渐靠近导线，根据有无火花和放电声音来判断导线有无电压；按由近及远、由低到高的顺序逐相验电。

6. 安装接地线

（1）验明导线无电压后，正确安装接地线，先安装接地端，后安装导线端。

（2）接地线连接可靠，不得缠绕。

7. 系好安全带

在合适的位置系好安全带的腰绳和后备保护绳，脱离防坠器。安全带系在牢固的构件上，扣环应牢固。

8. 安装个人保安线

在合适位置挂好个人保安线，先装接地端，脱离防坠器。个人保安线应装设牢固，防止脱落。

9. 安装飞车

（1）在横担上合适位置固定 0.5t 滑车，放下吊绳。

（2）吊上 1t 滑车及其配套白棕绳，在横担上合适位置固定 1t 滑车，白棕绳一端固定在飞车上，吊上飞车，飞车不与塔身碰撞，吊绳不得缠绕，正确使用绳结。

（3）检查绝缘子及金具连接情况，并做冲击试验。

（4）取下 0.5t 滑车，解开安全带腰绳，携吊绳沿绝缘子串下至导线，在绝缘子串上拴好安全带腰绳，将安全带后备保护绳转移并拴在导线上。

（5）将飞车安装在导线上，锁好闭锁装置，做好防止飞车滑跑的安全措施。

（6）解开安全带腰绳，进入飞车，将安全带腰绳系在导线上。

10. 处理导线损伤

（1）作业人员相互配合，移动飞车至导线损伤处理作业点；将 0.5t 滑车固定在飞车上，整理好吊绳。

（2）用木槌、砂纸将受伤处线股处理平整。

（3）用钢卷尺量出预绞丝安装位置，用记号笔在导线损伤处两侧画印；并在预绞丝安装范围涂抹 801 电力脂。

（4）用吊绳吊上补修预绞丝，对准画印处，按导线绞制方向紧密缠绕，逐根安装预绞丝。

1）预绞丝表面平整，端头应对齐，不得有缝隙，预绞丝不得变形。

2）补修预绞丝中心应位于损伤最严重处。

3）预绞丝位置应将损伤处全部覆盖。

11. 拆除补修预绞丝

（1）拆除补修预绞丝，并吊下至地面。

（2）作业人员互相配合，滑动飞车回到绝缘子附近。

（3）作业人员从飞车上至导线上，将安全带腰绳转移至绝缘子串上，取下 0.5t 滑车及白棕绳。

12. 拆除飞车

（1）打开闭锁装置，取下飞车，并吊下至地面，方法正确。

（2）将安全带后备保护绳转移至横担上，解开安全带腰绳，携吊绳沿绝缘子中上至横担上，将安全带腰绳系在塔材上，安装 0.5t 滑车及白棕绳，取下 1t 滑车及其配套白棕绳，用吊绳放下至地面。

13. 拆除个人保安线

（1）拆除个人保安线，先取导线端，后取接地端。

（2）整理好个人保安线，吊下至地面。

14. 清点个人工具

检查工具包内个人工器具无遗漏。

15. 塔上检查

对杆塔各部件进行检查，确认无遗漏或缺陷，经工作负责人许可后下塔。

16. 下塔

（1）挂好防坠器。

（2）从塔材上取下并整理好安全带，正确携带吊绳，脚踩脚钉、手抓主材、匀步下塔至地面。

17. 拆除接地线

（1）拆除接地线，先取导线端，后取接地端。

（2）整理好接地线，吊下至地面，方法正确。

18. 清理现场

（1）将工具、接地线、验电器、高压发生器等按要求运至指定地点。

（2）拆除安全措施，工作负责人向许可人汇报。

19. 工作终结

（1）全面清理作业现场，清点工器具并归类装好，不得有遗留物。

（2）准备终结工作票。

五、相关知识

导线在加工过程中，会因某种原因被损伤；在展放的过程中，会因摩擦、钩挂其他物体等原因被损伤；在运行过程中，会因雷击、外力破坏等原因被损伤。当损伤符合相应处理规定时，应对导线进行缠绕及补修预绞丝处理。

预绞丝是一种有弹性的铝合金丝，呈螺旋状，每组有 13～16 根（与导线的型号相匹配），其弯曲拗捻角在 20°左右。

1. 缠绕及补修预绞丝处理导线的损伤标准

钢芯铝绞线与钢芯铝合金绞线、导线在同一处损伤，单股损失深度超过股直径的 1/2，但因损伤导致强度损失为总拉断力的 4％～5％，且截面积损伤为总导电部分截面积的 5％～7％时，应以缠绕或补修预绞丝修理。铝绞线与铝合金绞线、导线在同一处损伤，单股损失深度超过股直径的 1/2，但因损伤导致强度损失为总拉断力的 4％～5％时，应以缠绕或补修预绞丝修理。

2. 缠绕处理应符合的规定

（1）将受伤处线股处理平整。

（2）缠绕材料应不小于导线同型号的铝单丝，缠绕应紧密，其中心应位于损伤最严重处，并应将受伤部位全部覆盖，其长度不得小于 100mm。

3. 补修预绞丝处理应符合的规定

（1）将受伤处线股处理平整。

（2）补修预绞丝长度不得小于 3 个节距，或符合预绞丝相关标准的规定。

（3）补修预绞丝应与导线接触紧密，其中心应位于损伤最严重处，并应将受伤部位全部覆盖。

实训 8 LGJ - 400/35 钢芯铝绞线液压连接

一、工作任务
完成 LGJ - 400/35 钢芯铝绞线液压连接（直线接续）。
二、作业要求及危险点预防措施
1. 作业要求

（1）在良好的天气下进行，风力不大于 6 级。在工作中遇雷、雨、大风或其他任何情况威胁工作人员的安全时，工作负责人或专职监护人可根据情况，临时停止工作。

（2）液压施工是架空送电线路施工中的一项重要隐蔽工序，操作人员必须经过培训及考试合格、持有操作许可证方能进行操作。操作时应有指定的质量检查人员在场进行监督。液压操作人员自检合格后，在管子指定部位打上自己的钢印。质检人员检查合格后，在记录表上签名。

（3）所使用的液压机必须有足够的与所用钢模相匹配的出力。

（4）液压连接的握持强度不得小于导线或避雷线设计使用拉断力的 95％。导线及避雷线的受压部分应平整完好，同时与管口相距 15m 以内应不存在必须处理的缺陷。

（5）在地面进行压接作业。

2. 危险点预防措施

（1）危险点一：触电伤害。

预防措施：

1）工作前，对作业线路停电，在作业地段两端验电，并挂设合格接地线。

2）工作时，距离直线接续两导线端部适当位置应可靠接地。

3）设监护 1 人，加强监护，随时纠正其不规范或违章动作。

（2）危险点二：清洗用汽油燃烧。

预防措施：

1）清洗用汽油应远离明火。

2）作业现场不得吸烟。

3）监护人员应随时纠正作业人员的不规范或违章动作。

（3）危险点三：机械伤害。

预防措施：

1）作业人员应具有相应的特种作业操作资质。

2）作业人员必须正确穿戴合格的工作服、工作鞋、安全帽和绝缘手套。

3）防止锯伤、刺伤、压伤等机械伤害。

4）监护人员应随时注意，禁止无关人员在工作现场内逗留。

三、作业前准备

1. 工器具及材料选择

本工作任务所需要的工器具及材料见表 4 - 18，如图 4 - 24 和图 4 - 25 所示。

表 4 - 18　　　　　LGJ - 400/35 钢芯铝绞线液压连接的工器具及材料表

工具类型	工具名称	工具型号	数量	备　注
专用工具	验电器		1 支	与所检修线路电压等级一致
	主接地线	截面积不小于 25mm²	2 组	与所检修线路电压等级一致
	接地线	截面积不小于 16mm²	2 组	与所检修线路电压等级一致
	绝缘手套		1 双	
	安全帽		3 顶	
	液压机		1 套	液压钢模适用于 LGJ - 400/35 导线
	喷灯		1 套	
	手锯		1 副	钢锯，备用锯条若干
	断线钳		1 把	适用于 LGJ - 400/35 导线
	游标卡尺		1 支	精度 0.02mm
	细钢丝刷		1 把	
	锉刀		1 把	平锉
	细砂纸	0 号	若干	
	油盆		1 个	铁皮或不锈钢
	毛刷		2 把	用于刷涂电力脂和富锌漆
	捅条		1 根	
	防潮垫布		1 张	
	安全围栏		若干	

续表

工具类型	工具名称	工具型号	数量	备　注
个人工具	活络扳手	300mm	1把	
	木槌	8磅	1把	
	平口钳	175mm	1把	
	螺钉旋具	平口	1支	
	裁纸刀		1把	
	钢卷尺	3.5m	1只	3m及以上
	记号笔		1支	
	工具包		1个	
材料	导线	FR-3	1个	
	压接管	铝管、钢管	1套	适用于LGJ-400/35导线
	棉纱		若干	
	绑线	20号铁丝	若干	
	扎带		若干	
	汽油		若干	
	801电力脂		若干	
	富锌漆		若干	

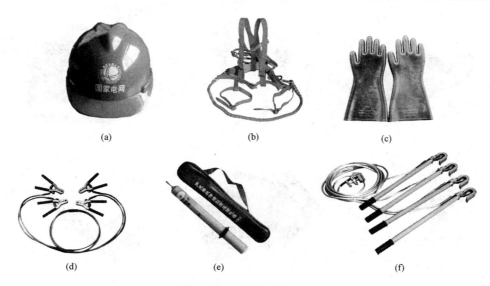

(a)　　　　　　　　　(b)　　　　　　　　　(c)

(d)　　　　　　　　　(e)　　　　　　　　　(f)

图4-24　专用工具（一）

(a) 安全帽；(b) 安全带；(c) 绝缘手套；(d) 个人保安线；(e) 验电器；(f) 接地线

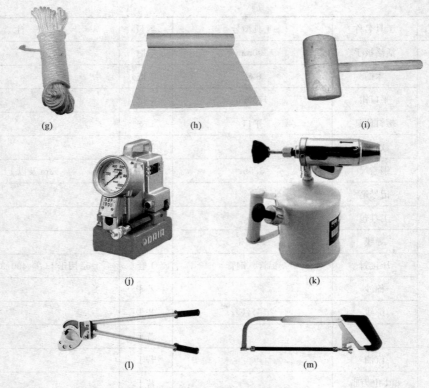

图 4 - 24　专用工具（二）

（g）传递绳；（h）绝缘垫；（i）木槌；（j）小型电动液压泵；（k）喷灯；（l）断线钳；（m）钢锯

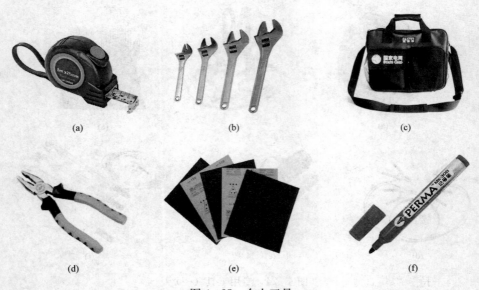

图 4 - 25　个人工具

（a）钢卷尺；（b）活络扳手；（c）工具包；（d）钢丝钳；（e）砂纸；（f）记号笔

2. 作业人员分工

LGJ - 400/35 钢芯铝绞线液压连接（直线接续）作业人员分工见表 4 - 19。

表 4 - 19　　　　LGJ - 400/35 钢芯铝绞线液压连接（直线接续）作业人员分工

序号	工作岗位	人数（人）	工　作　职　责
1	工作负责人	1	负责现场指挥工作，如人员分工、工作前的现场勘察、作业方案的制定、工作票的填写，办理工作许可手续，召开工作班前会，负责作业过程中的安全监督、工作中突发情况的处理、工作质量监督、工作后的总结
2	压接作业人员	2	负责导线直线接续作业操作
3	辅助作业人员	2	负责本次作业过程中地面辅助工作

四、作业程序

LGJ - 400/35 钢芯铝绞线液压连接（直线接续）操作流程如下：

1. 前期准备工作

（1）规范填写和签发工作票，正确履行工作票手续。

（2）现场查勘必须由 2 人进行。现场核对停电线路名称、杆塔编号，双重编号无误；检查基础及杆塔，完好无异常；交叉跨越距离符合安全要求。

（3）核查风速、气温等天气情况符合作业条件。

（4）正确挂设安全围栏，悬挂标示牌。

2. 检查工器具及材料

（1）检查工器具外观和试验合格证，无遗漏。

（2）对安全带、防坠器进行冲击试验，方法正确。

（3）对绝缘手套做充气试验，方法正确。

（4）对验电器做验电试验，方法正确。

（5）检查导线、压接管的结构及规格，与工程设计相符，并符合国家标准的各项规定；压接管应平整光滑，无裂纹、砂眼、气泡等缺陷。

3. 停电

调度通知负责人确认被检修线路已停电，安全措施已完备，许可开始工作。再次确认停电线路名称及杆塔编号。

4. 登塔

（1）携带吊绳，方法正确。

（2）安全带腰绳和后备保护绳斜挎在肩上。

（3）脚踩脚钉、手抓主材、匀步登塔至作业点。

5. 验电

作业人员手持验电器尾部，使验电部分逐渐靠近导线，根据有无火花和放电声音来判断导线有无电压；按由近及远、由低到高的顺序逐相验电。

6. 安装接地线

（1）验明导线无电压后，正确安装接地线，先安装接地端，后安装导线端。

（2）接地线连接可靠，不得缠绕。

7. 割线

（1）掰直导线端部，根据导线损伤情况，确定割线位置并画印。

（2）用绑线在割线画印点两侧扎线，扎紧，防止散股。

（3）用断线钳割断导线，切口平面和线轴垂直，切口整齐；用锉刀修平钢芯断口毛刺，防止断线钳割伤、导线端刺伤等机械伤害。

8. 清洗

（1）用钢丝刷将两段导线接续部位（穿入铝管部分）表面的灰、黑色物质（氧化膜）及泥土全部刷去，至显露出银白色铝为止。

（2）用浸有汽油的棉纱头，将铝股和钢芯上的油垢擦净，用汽油喷灯对其进行干燥处理。钢芯铝绞线清洗长度，对先套入铝管端不短于铝管套入部位，对另一端应不短于半管长的 1.5 倍。

（3）在桶条一端缠绕适量棉纱，沾上汽油将连接管（铝管、钢管）清洗干净；清除影响穿管的锌疤与焊渣。

（4）对清洗后的导线（穿入铝管部分）铝股部分涂抹一层 801 电力脂，薄而均匀；用钢丝刷沿钢芯铝绞线轴线方向对已涂 801 电力脂部分进行擦刷，将液压后能与铝管接触的铝股表面全部刷到。

9. 剥铝股

（1）按照直线接续要求的尺寸，在两段导线端部画印 P，并用绑线在 P 点扎线。扎紧，防止散股。

（2）自两段导线端部钢芯端头 O 点，按照直线接续要求的尺寸，在铝股上画一割铝股印记 N。

（3）用手锯锯断 N 点对应的铝股，松开导线断头扎线，逐根剥去铝股；在去掉内层铝股之前，将端头铝股掰开，将露出的钢芯端头用绑线扎牢，扎紧，防止散股；切割内层铝股时，只割到每股直径的 3/4 处，然后将铝股逐股掰断。锯口平齐，不伤及钢芯。

10. 套铝管穿钢管

（1）先将一段导线端头套入铝管，露出钢芯。

（2）将已剥露的两段导线端头钢芯穿入钢管，对接到位；剥露的钢芯呈原绞制状态，否则应恢复。

（3）穿入时，应顺线股的绞制方向旋转推入，直至钢芯两端头在钢管内中点相抵，两边预留长度相等；在钢管中点画印 O 点；穿管后压接前须检查，穿管应到位。

11. 压钢管

（1）液压机的缸体应垂直于地平面，并放置平稳；液压管连接牢固。

（2）将钢管放入下钢模，位置正确；检查定位印记是否处于指定位置，双手把住管、线后合上模；两端线与管应端平，保持水平状态，并与液压机轴心相一致，防止管子压弯。

（3）启动液压机施压，第一模压模中心即钢管中心，由钢管中间向管口施压，先压一侧，再压另一侧。施压时，第一模压好后，应用游标卡尺检查压后边距尺寸，符合标准后再继续压接，相邻两模间至少重叠 5mm；每模都达到规定的压力，不以合模为压好的标准，且保持一定时间，使其变形充分；管子压完后有飞边的，应锉掉飞边。

（4）钢管压完，经检查符合要求后，找出钢管中点，在两端铝线上各量出 1/2 铝管长处画印 A。

（5）钢管压后锌皮脱落者，不论是否裸露于外，皆涂以富锌漆以防生锈；对压接部分铝线再次涂刷 801 电力脂，并擦刷氧化膜。

12. 穿铝管，压铝管

（1）将铝管顺铝绞线绞制方向推入，直到两端管口与铝线上定位印记 A 点重合。

（2）检查铝管上有无起压印记 N1；若无，则在钢管压后测其与铝线两端头的距离，据其在铝管上划好起压印记 N1；铝管对应钢管部分不得施压。

（3）更换液压机钢模后，将铝管放入下钢模，位置正确；检查定位印记是否处于指定位置，双手把住管、线后合上模；两端线与管应端平，保持水平状态，并与液压机轴心相一致，防止管子压弯。

（4）启动液压机，自铝管上起压印记开始按顺序施压。施压时，第一模压好后，应用游标卡尺检查压后边距尺寸，符合标准后再继续压接，相邻两模间至少重叠 5mm；每模都达到规定的压力，不以合模为压好的标准，且保持一定时间，使其变形充分；管子压完后有飞边的，应锉成圆弧状，500kV 线路导线还应用细砂纸将锉过处磨光。

13. 质量检测

（1）检查压接管外观，应平直、光滑。

（2）检查压接管压后边距尺寸，应符合标准并记录。

（3）压接管不应有肉眼可看出的扭曲及弯曲现象（弯曲度不得大于 2%），有明显弯曲时应用木槌将其校直，校直后不应出现裂缝。

（4）管端导线不得出现灯笼、抽筋。

（5）在压接管内两端管口朝上后，再涂以富锌漆。

14. 拆除接地线

（1）拆除接地线，先取导线端，后取接地端。

（2）整理好接地线，吊下至地面，方法正确。

15. 工作终结

（1）全面清理作业现场，检查临时接地线已拆除，清点工器具并归类装好，不得有遗留物。

（2）准备终结工作票。

五、相关知识

1. 导线连接的种类

导线连接按使用的工具和作业方式不同，分为钳压连接、液压连接、爆压连接、并沟线夹连接、插接、绑扎等。

液压连接适用于 LGJ - 240 及以上、GJ - 35～70、LBGJ - 185 及以下型号的导线及地线的直线接续、耐张线夹和跳线（引流线）线夹的连接等。

2. 导线连接的原因

在线路架设施工中经常会出现设计耐张段长超过导线制造长度，因此需要对导线做直线接续、耐张线夹及引流线夹连接，对地线做直线接续和耐张线夹连接。在展放的过程中会因摩擦、钩挂其他物体等原因被损伤，在运行过程中会因雷击、外力破坏等原因被损伤，而损伤又符合相应处理规定的，应对导线进行割断重接，即直线接续。

3. 割断重接的损伤标准

钢芯铝绞线与钢芯铝合金绞线，导线在同一处损伤，下列情况应割断重接：损伤面积为导电部分截面积的 25% 及以上，强度损失为总拉断力的 17% 及以上；导线损伤超过补修管补修范围的；钢芯有断股或金钩、破股形成无法修复的永久变形的。

4. 液压连接应符合的规定

(1) 不同金属、不同规格、不同绞制方向的导线，严禁在同一个耐张段内连接。

(2) 液压直线连接接头的握着强度，不得小于导线保证计算拉断力的 95%。

(3) 接头电阻不大于等长导线的电阻；接头通过大电流时，温升不大于导线本体温升。

(4) 连接管连接施工后应有平直、光滑的外形。飞边、毛刺及表面未超过允许的损伤应锉平并用砂纸磨光；弯曲度不得大于 2%，有明显弯曲时应校直，校直后的连接管严禁有裂纹，达不到规定时应割断重接；压后锌皮脱落时应涂防锈漆。

(5) 一个档距内每根导线上只允许有一个连接管。连接管与耐张线夹间的距离小应小于 15m；与悬垂线夹的距离不应小于 5m；与间隔棒的距离不宜小于 0.5m。

5. 液压连接

液压连接是借助液压机和钢模，用液压型连接管将两段导线实现直线接续的方法。液压连接的主要原理是利用汽油机、柴油机或电动机，推动高压油泵工作，液压机通过液压顶升的方法，将力（100～2000kN）传递给钢模，把被连接导线端头和连接管（铝管、钢管）压接为六角形状，借助管壁和导线的局部变形产生握着力，从而实现导线接续的目的。

6. 钢芯铝绞线钢芯对接式接续管的相关要求

(1) 剥铝股。

1) 自钢芯铝绞线端头 O 向内量 $\frac{1}{2}l_1 + \Delta l_1 + 20\text{mm}$ 处以绑线 P 扎牢一道（事先量出钢接续管的长度 l_1）。

2) 自 O 点（钢芯端头）向内量 $\frac{1}{2}l_1 + \Delta l_1$ 处画一割铝股印记 N。

3) 松开原钢芯铝绞线端头的绑线 P。为了防止铝股剥开后钢芯散股，在松开绑线后先在端头打开一段铝股，将露出的钢芯端头用绑线扎牢。然后用切割器（或手锯）在印记 N 处切断外层及中层铝股。在切割内层铝股时，只割到每股直径的 3/4 处，然后将铝股逐股掰断。

Δl_1 为钢管液压时预留伸长值，它与钢管直径、壁厚、钢模对边距尺寸及压模数都有关，其值应通过试压而取得。在确定该值时，比实测值可稍大 3～5mm。

(2) 套铝管。将铝管自钢芯铝绞线一端先套入。

(3) 穿钢管。将已剥露的钢芯（如剥露的钢芯已不呈原绞制状态，应先恢复其原绞制状态）从钢管两端穿入。穿入时应顺绞线绞制方向旋转推入，直至钢芯两端头在钢管内中点相抵，两边预留长度相等即可。

(4) 穿铝管。

1) 当钢管压好后，找出钢管压后的中点 O1，自 O1 向两端铝线上各量铝管全长的 1/2，即 $\frac{1}{2}l$（l 为铝管实际长度），在该处画印记 A。在铝线上量尺画印工序必须在涂 801 电力脂并清除氧化膜之后进行。

2）两端印记画好后，将铝管顺铝线绞制方向，向另一侧旋转推入，直至两端管口与铝线上两端定位印记 A 重合为止。

（5）钢芯铝绞线钢芯对接式钢管的液压部位及操作顺序。第一模压模中心与钢管中心 O 重合，然后分别向管口端部依次施压。

（6）钢芯铝绞线钢芯对接式铝管的液压部位及操作顺序。首先检查铝管两端管口与定位印记 A 是否重合。内有钢管部分的铝管不压。自铝管上有 N1 印记处开始施压，一侧压至管口后再压另一侧。如铝管上无起压印记 N1 时，在钢管压后测量其铝线两端头的距离，在铝管上先画好起压印记 N1。

（7）液压管压后对边距尺寸 S 的最大允许值

$$S = 0.866 \times (0.993D) + 0.2$$

式中　S——压后对边距，mm；

　　　D——压接管外径，mm。

3 个对边距只允许有一个达到最大值，超过此规定时应更换钢模重压。

实训 9　LGJ - 185 螺栓式耐张线夹的制作

一、工作任务

完成 LGJ - 185 螺栓式耐张线夹（倒装式）的制作。

二、作业要求及危险点预防措施

1. 作业要求

（1）杆塔上作业应在良好的天气下进行，在工作中遇有 6 级以上大风以及雷暴雨、冰雹、大雾、沙尘暴等恶劣天气时，应停止工作。在工作中遇雷、雨、大风或其他任何情况威胁工作人员的安全时，工作负责人或专职监护人可根据情况，临时停止工作。

（2）螺栓式耐张线夹的握着强度不得小于导线设计使用拉断力的 90%。

（3）作业人员精神状态良好，熟悉工作中保证安全的组织措施和技术措施；应持有在有效期内的高处作业和高压电工等特种工作业证。

（4）在地面进行作业。

2. 危险点预防措施

（1）危险点一：触电伤害。

预防措施：

1）工作前，对作业线路停电，在作业地段两端验电，并挂设合格接地线。

2）工作时，距离制作螺栓式耐张线夹的导线端部适当位置应可靠接地。

3）设监护 1 人，加强监护，随时纠正作业人员的不规范或违章动作。

（2）危险点二：高处坠落。

预控措施：

1）高处作业人员登塔前必须具备符合本项作业要求的身体状况、精神状态和技能素质。

2）高处作业人员应先认真检查脚钉是否牢固、登高工具是否在有效使用期内、鞋底是否清洁，加挂防坠器。登塔时应手抓主材、脚踩脚钉、匀步上（下）塔；登杆时禁止跳跃。

3）监护人员应随时纠正作业人员的不规范或违章动作，重点注意在转位的过程中不得失去保护绳的保护，严禁低挂高用。

（3）危险点三：高处坠物伤人。

预防措施：

1）塔上作业人员的工具及零星材料应装入工具包，防止坠物。

2）塔下作业人员必须戴安全帽，正确使用绳结，挂好塔上所需物件后，应距离作业点垂直下方3m以外进行工器具及材料的上下传递。

3）监护人员应随时注意，禁止无关人员在工作现场内逗留。

（4）危险点四：工器具伤人。

预防措施：正确穿戴劳保用品，正确使用工器具。

三、作业前准备

1. 工器具及材料选择

本模块所需要的工器具及材料见表4-20，如图4-26～图4-28所示。

表4-20　　　　LGJ-185螺栓式耐张线夹制作的工器具及材料表

工具类型	工具名称	工具型号	数量	备注
专用工具	验电器		1支	与所检修线路电压等级一致
	主接地线	截面积不小于25mm²	2组	与所检修线路电压等级一致
	接地线	截面积不小于16mm²	2组	与所检修线路电压等级一致
	绝缘手套		1双	
	安全帽		3顶	
	断线钳		1把	
	木槌		1把	
	防潮垫布		1张	
	安全围栏		若干	
	双保险安全带		1根	
个人工具	活络扳手	300mm	1把	
	平口钳	175mm	1把	
	钢卷尺	3.5m	1只	3m及以上
	记号笔		1支	
	工具包		1个	
材料	绑线	20号铁丝	若干	
	耐张线夹	NLD-4	1把	
	导线	LGJ-185	若干	
	铝包带		若干	

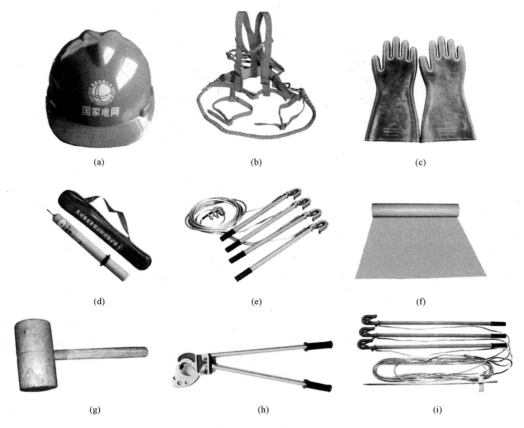

图 4 - 26　专用工具
（a）安全帽；（b）安全带；（c）绝缘手套；（d）验电器；（e）接地线；
（f）绝缘垫；（g）木槌；（h）断线钳；（i）主接地线

图 4 - 27　个人工具
（a）钢卷尺；（b）活络扳手；（c）工具包；（d）钢丝钳；（e）记号笔

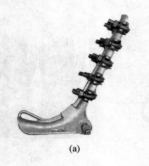
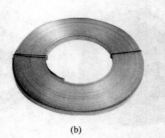

图 4 - 28　材料

(a) 耐张线夹；(b) 铝包带

2. 作业人员分工

LGJ - 185 螺栓式耐张线夹（倒装式）的制作作业人员分工如表 4 - 21 所示。

表 4 - 21　　　　　　LGJ - 185 螺栓式耐张线夹（倒装式）制作的作业人员分工

序号	工作岗位	人数（人）	工 作 职 责
1	工作负责人	1	负责现场指挥工作，如人员分工、工作前的现场勘察、作业方案的制定、工作票的填写，办理工作许可手续，召开工作班前会，负责作业过程中的安全监督、工作中突发情况的处理、工作质量监督、工作后的总结
2	操作人员	1	负责 LGJ - 185 螺栓式耐张线夹制作
3	辅助作业人员	1	负责本次作业过程中地面辅助工作

四、作业程序

LGJ - 185 螺栓式耐张线夹（倒装式）的制作操作流程如下：

1. 前期准备工作

（1）规范填写和签发工作票，正确履行工作票手续。

（2）现场查勘必须由 2 人进行。现场核对停电线路名称、杆塔编号，双重编号无误；检查基础及杆塔，完好无异常；交叉跨越距离符合安全要求。

（3）核查风速、气温等天气情况符合作业条件。

（4）正确挂设安全围栏，悬挂标示牌。

2. 检查工器具及材料

（1）检查工器具外观和试验合格证，无遗漏。

（2）对安全带、防坠器进行冲击试验，方法正确。

（3）对绝缘手套做充气试验，方法正确。

（4）对验电器做验电试验，方法正确。

（5）螺栓式耐张线夹表面镀锌层无脱落，压块、U 形螺栓完好。

3. 停电

调度通知负责人确认被检修线路已停电，安全措施已完备，许可开始工作，再次确认停电线路名称及杆塔编号。

4. 登塔

（1）携带吊绳，方法正确。

（2）安全带腰绳和后备保护绳斜挎在肩上。

（3）脚踩脚钉、手抓主材、匀步登塔至作业点。

5. 验电

作业人员手持验电器尾部，使验电部分逐渐靠近导线，根据有无火花和放电声音来判断导线有无电压；按由近及远、由低到高的顺序逐相验电。

6. 安装接地线

（1）验明导线无电压后，正确安装接地线，先安装接地端，后安装导线端。

（2）接地线连接可靠，不得缠绕。

（3）接地线与导线及塔材接触良好，无缠绕；人体不能触碰接地线。

（4）工作地段两端应可靠接地。

7. 画印

根据紧线画印点，扣除绝缘子中及连接金具的长度，用记号笔在导线上清晰标识出耐张线夹连接螺栓孔中心位置（即线夹安装位置）。

8. 缠绕铝包带

将一段长度为 4.2m 左右的铝包带卷成适当长度的两圈，留出耐张线夹连接螺栓孔中心位置的印记，从印记处向两边缠绕。端头应露出线夹口 10mm，回缠 3 圈并压在线夹内。其缠绕方向应与外层铝股绞制方向一致，铝包带应缠绕紧密。

9. 制作线夹

（1）复查线夹的型号是否与要求一致，拆除线夹的 U 形螺栓；拆下的 U 形螺栓、螺帽、垫片及压块应按顺序摆放整齐。

（2）将导线放进耐张线夹槽内，导线端头应在耐张线夹引流线侧，不得装反。

（3）导线上的印记对准线夹上的连接螺栓孔中心，将线夹内主线侧的导线与线夹握紧，使导线不能在线夹内滑动，沿线夹的弯度弯曲导线到线夹引流线侧。安装位置应正确。

（4）为保证耐张线夹安装位置的正确和安装质量，U 形螺栓必须从线夹的悬挂处向引流线侧安装。安装好第一个 U 形螺栓和压块并拧紧螺帽后，才能安装第二个 U 形螺栓，以此类推（不得将所有 U 形螺栓和压块安装好后再紧固螺栓）。

（5）压块应平正，U 形螺栓两侧出丝长度须一样，弹簧垫必须压平，螺帽防水面朝上。

（6）销钉齐全。

10. 质量检测

（1）耐张线夹方向不得装反。

（2）铝包带必须平整，且出线夹口 10mm。

（3）导线的印痕应在连接螺栓的中心处。

（4）挂点侧第一个 U 形螺栓螺帽的松紧程度应以弹簧片压平为准，不可过分用力。

11. 拆除接地线

（1）拆除接地线，先取导线端，后取接地端。

（2）整理好接地线，吊下至地面，方法正确。

12. 工作终结

（1）全面清理作业现场，检查临时接地线已拆除，清点工器具并归类装好，不得有遗留物。

（2）准备终结工作票，不得约时送电。

五、相关知识

线夹是用来握住导、地线的金具。根据使用情况，导线线夹分为耐张线夹（见图4-29）和悬垂线夹（见图4-30）两类。悬垂线夹用于直线杆塔上悬吊导、地线，并对导、地线有一定的握力，无论在正常运行情况下或在断线情况下，线夹应握住导线，不得使其松脱。

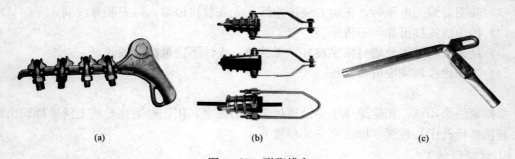

（a）　　　　　　　　　　（b）　　　　　　　　　　（c）

图4-29　耐张线夹

（a）螺栓式耐张线夹；（b）楔形线夹；（c）液压式耐张线夹

图4-30　悬垂线夹

耐张线夹用于直线耐张、转角或终端耐张杆塔上，主要承受导、地线纵向受力。110kV以上线路常用液压式耐张线夹。线夹用来紧固导线的终端，使其固定在耐张绝缘子串上。

避雷线终端的固定及拉线的锚固常用楔形线夹、UT型线夹。

参 考 文 献

[1] 汤晓青．输电线路检修实训教程．北京：中国电力出版社，2013.

[2] 费春明，赵志勇．输电线路施工运行与检修技能实训指导书．北京：中国电力出版社，2010.

[3] 梁文博，张健．输电线路施工运行与检修实训．北京：中国电力出版社，2012.

[4] 杨力．架空输电线路检修．北京：中国水利水电出版社，2011.